Abwasserreinigungsanlagen,

ihre Leistungen und ihre Kontrolle vom chemisch-praktischen Standpunkt.

Von

Prof. Dr. K. Thumm,

Abteilungsvorsteher an der Königl. Landesanstalt für Wasserhygiene in Berlin-Dahlem.

1914

Springer-Verlag Berlin Heidelberg GmbH

ISBN 978-3-662-34413-2 ISBN 978-3-662-34684-6 (eBook)
DOI 10.1007/978-3-662-34684-6

Sonderabdruck aus der Vierteljahrsschr. f. gerichtl. Med. u. öffentl. Sanitätswesen.
3. Folge. 1914. XLVIII. Bd. Suppl.

Vorwort.

Die planmässig zur Durchführung zu bringende Kontrolle von Kläranlagen ist eine der zurzeit wichtigsten Abwasserreinigungsfragen. Sich um eine Abwasseranlage kümmern, ist bekanntlich das Geheimnis des guten Erfolges; die beste Anlage arbeitet ja schlecht und verwahrlost schliesslich vollständig, sofern man sie sich selber, d. h. dem ausschliesslichen Wohlwollen eines Klärwärters überlässt. Neben dieser die Reinigungsanlage betreffenden Fürsorge ist es aber notwendig, dass man sich auch um die Vorflut kümmert. Bei dem heutigen Streben nach praktisch geruchlos arbeitenden Kläranlagen vergisst man zu gerne, dass bei einem Sanierungswerk auch noch die Pflicht besteht, die Vorfluter rein zu erhalten. Die im Interesse der Anwohner liegende, tunlichst umgehende Abschwemmung aller Schmutzstoffe aus dem Bereich der Wohnstätten darf also, wenn man ganze Arbeit leisten und in ihr auch wirkliche Befriedigung finden will, keine Verunreinigung der Vorflut zur Folge haben. Kontrolle der Vorflut und Betriebskontrolle der Kläranlage stellen deshalb ein unlösbares Ganzes dar; sie sind unerlässliche Betriebsmassnahmen, da sie über die bestehenden Verhältnisse und über das, was man im einzelnen zu tun hat, unzweideutig Aufschluss geben.

Im März d. J. hat Verfasser in einem Fortbildungskursus für Nahrungsmittelchemiker über die Kontrolle von Abwasserreinigungsanlagen Bericht erstattet. Die vorliegende Arbeit ist eine wesentlich erweiterte Bearbeitung dieses Vortrages, die auf Anregung von Herrn Geh. Obermedizinalrat Dr. Abel vorgenommen worden ist. Dabei wurden die allgemeinen Kapitel und die Einzelkapitel in gleicher Weise umfangreicher gestaltet und neben der Besprechung wissenschaftlich interessanter Punkte auf die Bearbeitung der praktisch interessierenden Fragen der Hauptschwerpunkt gelegt. Bei den einzelnen Betriebskontrollen wurden jeweils kurz der Zweck des betreffenden

Verfahrens, seine charakteristischen Durchbildungsarten und seine Leistungen besprochen, danach wurde auf die Beschaffenheit normaler und nichtnormaler Abflüsse und schliesslich auf die verschiedenen Kontrollarten hingewiesen. Die bei den biologischen Verfahren und bei dem Verfahren der getrennten Schlammfaulung die Leistung bewirkenden Vorgänge wurden, soweit dies praktisch notwendig schien, ebenfalls noch mitbehandelt. Umfangreiches Zahlenmaterial, das natürlich ebensowenig wie z. B. der angegebene Umfang der einzelnen Betriebskontrollen schematische Anwendung finden darf, wurde mitgeteilt, um Anhaltspunkte zu geben für die Bedürfnisse des Einzelfalles der Abwasserpraxis.

Sollte die vorliegende Bearbeitung etwas dazu beitragen, Abwasseranlagen richtig zu bauen, sachgemäss zu betreiben und erfolgversprechend zu kontrollieren, so wäre dies ein schöner Lohn für die aufgewandte Arbeit.

Berlin-Dahlem, Ende April 1914.

Thumm.

Inhalt.

Seite

I. Allgemeines 1
II. Die physikalische und chemische Wasseranalyse in ihren Beziehungen zu der Kontrolle von Kläranlagen 3
III. Die Kontrolle von Abwasserreinigungsanlagen im allgemeinen . . . 19
IV. Die Kontrolle von Abwasserreinigungsanlagen im besonderen . . . 27
1. Die Betriebskontrolle von Rechenanlagen 32
2. Die Betriebskontrolle von Absitzanlagen 35
3. Die Betriebskontrolle von mit chemischen Zuschlägen arbeitenden Anlagen 41
4. Die Betriebskontrolle von Faulanlagen 44
5. Die Betriebskontrolle von Fischteichanlagen 50
6. Die Betriebskontrolle von künstlichen biologischen Anlagen . 53
7. Die Betriebskontrolle von natürlichen biologischen Anlagen . 64
8. Die Betriebskontrolle von Schlammzersetzungsanlagen . . . 71
9. Die wissenschaftliche Kontrolle der Vorflut 80
V. Schlussbemerkungen: Grenzzahlen, gewerbliche Abwässer, Ausblicke . 88

I. Allgemeines.

Die modernen Bestrebungen der Regelung der Abwasserfrage in Deutschland zeigen nach aussen hin zwei Hauptabschnitte ihrer Entwicklung: Das allgemeine Bekanntwerden der Grundsätze der Reinigungsmöglichkeit der häuslichen und städtischen Abwässer durch das künstliche biologische Abwasserreinigungsverfahren seit Dunbars im Jahre 1898 in Köln gehaltenem Vortrage[1]), und zweitens die planmässige Bearbeitung der mechanischen Abwasserreinigungsverfahren und die damit verbundene Erforschung der Schlammfrage, die mit den Arbeiten der Emschergenossenschaft und des Leiters ihrer Abwasserabteilung, Dr.-Ing. Imhoff, einsetzen und in der Errichtung der Recklinghauser Kläranlage im Jahre 1906 zu äusserlich sichtbarem Ausdruck kommen. Ausserordentlich zahlreich sind dabei die in dem genannten Zeitraum errichteten, mit planmässiger Entwässerung verbundenen zentralen Abwasserreinigungsanlagen. Während nämlich vor dem Jahre 1898 nur eine geringe Anzahl von Städten ihre Abwässer in zentraler Anlage zu behandeln suchte, reinigen heutzutage[2]) etwa 60 Städte ihre Abwässer auf Rieselanlagen, rund 80 Orte benutzen das künstliche biologische Verfahren als Abwasserreinigungsmethode, in über 200 Orten erfolgt die Abwasserbehandlung durch sogenannte Absitzanlagen, wovon 15 Orte gleichzeitig chemische Zuschläge verwenden, und in etwa 30 Orten werden die Abwässer in Rechenanlagen behandelt, ehe sie einem Vorfluter überantwortet werden.

1) Dunbar, Deutsche Vierteljahrsschr. f. öffentl. Gesundheitspflege. 1899. Bd. 31. S. 136.

2) Salomon, H., Abwässerlexikon. Bd. 1, 2 und Ergänz.-Band. Jena, Ferd. Fischer.

Dieses in gewisser Hinsicht beispiellose Anwachsen der zentralen Entwässerungsanlagen Deutschlands, zu denen noch zahllose Einzelkläranlagen von Anstalten und anderen Siedelungen hinzutreten, findet aber nicht allein in der wissenschaftlichen Ergründung der in Rede stehenden Abwasserreinigungsverfahren seine ausschliessliche Erklärung; einer einsichtsvollen Handhabung der Gesundheitspolizei in Deutschland ist diese Entwicklung vielmehr mit zu verdanken, die die Abwasserfrage von Fall zu Fall zu behandeln trachtete und — die Forderung der Praxis richtig erkennend — die ursprünglich auch in Deutschland für den Reinheitsgrad ganz verschiedener Vorflutsysteme aufgestellten Grenzwerte[1]) zum Nutzen der Sanierung unserer Städte rechtzeitig verlassen hat, wie dies z. B. aus den dem Preussischen Ministerialerlass vom 20. Februar 1901 betreffend die Fürsorge für die Reinhaltung der Gewässer beigegebenen Grundsätzen[2]) in eindeutiger Weise zu ersehen ist.

Die Errichtung von Reinigungsanlagen hat aber nun, wie bekannt, noch keineswegs auch reine Vorfluter zu ihrer unbedingten Voraussetzung; ebenso wichtig wie die richtige Wahl des dem Einzelfalle angepassten Reinigungsverfahrens ist nämlich der sachgemässe Betrieb der Anlage, und es ist erstaunlich, wie gerade hier teils aus mangelnder Erkenntnis, teils absichtlich oft gesündigt wird. Wird z. B. ein Schulhaus oder ein Wasserwerk errichtet, so stellt dies in gewissem Sinne den Abschluss der Vorarbeiten dar; die nutzenversprechende Hauptarbeit beginnt nach Fertigstellung der Bauanlagen, die man dauernd auf der Höhe zu halten sucht. Bei einer Kläranlage, bei der es natürlich ebenso sein sollte, glaubt man dagegen leider oft, mit der Fertigstellung der Anlage seinen Pflichten genügt zu haben. In dem späteren Betriebe der Anlage erblickt man bedauerlicherweise oft nur eine lästige, unnötige Kosten verursachende Pflicht, dabei von der unerklärlichen Annahme ausgehend, Kläreinrichtungen arbeiteten auch ohne sorgfältige Beaufsichtigung befriedigend, gute Klärerfolge kämen vorwiegend nur dem Unterlieger an der Vorflut zugute. Die fertiggestellte Anlage wird oft einem

---

1) Abel, Neuere Verfahren der Abwässerreinigung. Offizieller Bericht der 29. Hauptversammlung des Preussischen Medizinalbeamtenvereins am 25. April 1913.

2) Schmidtmann, Vierteljahrsschr. f. gerichtl. Med. u. öffentl. Sanitätswesen. 3. Folge. Bd. 21. Suppl.-Heft. S. XXXIX. — Holtz, Die Fürsorge für die Reinhaltung der Gewässer auf Grund der allgemeinen Verfügung vom 20. Februar 1901. Berlin 1902.

Klärwärter auf Gnade und Ungnade übergeben, und an die Stelle der Abwasserreinigung tritt in vielen Fällen dann zu gern die Pflege der Abwasserbeseitigung. Dieses zu verhüten, hier helfend und fördernd einzugreifen, zu bewirken, dass die mit der Errichtung der Kläranlage begonnene Sanierungsarbeit zur ganzen Arbeit wird, ist Sache einer richtig durchgeführten Kontrolle, die dort, wo bewusste Unregelmässigkeiten vorkommen, scharf zufassen muss, die im übrigen aber, also dort, wo sie den guten Willen sieht, an erster Stelle beratend wirken und in der schrittweisen, im Rahmen der praktischen Durchführbarkeit liegenden Abstellung der ermittelten Fehler ihre Hauptaufgabe zu erblicken hat.

Wichtig und unerlässlich ist also die Kontrolle von Abwasserreinigungsanlagen[1]); sowohl den Betrieb und die Leistungen der Kläreinrichtungen wie die Einwirkung der Abwässer auf den Vorfluter hat sie zu umfassen. Eine richtig durchgeführte, alle Verhältnisse treffende Kontrolle muss also sowohl Betriebskontrolle wie Vorflutkontrolle sein, die sich gegenseitig zu ergänzen haben. Den besonderen Forderungen des Einzelfalles entsprechend, ist sie dabei teils eine betriebstechnische, teils eine wissenschaftlich-chemische und biologisch-bakteriologische Aufgabe. Hierauf unter Hervorhebung des praktischen Moments näher einzugehen, erstrebe ich in den nachstehend behandelten, hier in Berücksichtigung zu ziehenden Einzelfragen.

II. Die physikalische und chemische Wasseranalyse in ihren Beziehungen zu der Kontrolle von Kläranlagen.

Die physikalische und chemische Wasseranalyse, der Ausgangspunkt der nachstehenden Erörterungen, ist bekanntlich im weitesten Sinne betrachtet ein unerlässliches Hilfsmittel für die Beurteilung des Charakters eines Wassers und der Leistungen einer Abwasserreinigungsanlage; sie dient den Zwecken der Betriebskontrolle in gleich ausgedehntem Masse wie denjenigen der Vorflutkontrolle. Trotz dieses allgemein anerkannten Umstandes fehlen bedauerlicherweise einheitliche Untersuchungsmethoden, und zwar sowohl in Deutschland wie auch in den anderen, die Abwasserbehandlung pflegenden Ländern,

---

1) Vergl. Reichle, C., Die Behandlung und Reinigung der Abwässer. Leipzig 1910; ferner Weldert, R., Die chemische Analyse als Mittel zur Bestimmung des Effektes von Abwasserreinigungsanlagen. Berichte der Deutschen Pharmazeut. Gesellsch. Vortrag am 6. Mai 1909.

so in England, Amerika und in Frankreich. Mehr oder weniger weitgehende Vorschläge, diesem Uebelstande abzuhelfen, sind zwar da und dort zu verzeichnen, und es steht zu hoffen, dass das in Deutschland beobachtete mächtige Anwachsen der Zahl der Reinigungsanlagen früher oder später zu neuen „Vereinbarungen“ Veranlassung geben wird, zumal grundlegende Zusammenfassungen, wie die Literatur[1]) erkennen lässt, in ausreichendem Masse und in grosser Vollständigkeit vorhanden sind.

Auch die einheitliche Ausdrucksweise der bei der chemischen Analyse gewonnenen Werte lässt noch manches zu wünschen übrig. In Deutschland besteht zwar in bezug auf diesen Punkt ziemliche Uebereinstimmung, indem daselbst die ermittelten Werte jetzt fast allgemein in Milligrammen mit höchstens einer Zahl hinter dem Komma angegeben und auf 1 Liter Wasser bezogen werden; in England dagegen werden die Werte teils in grains per gallon[2]), teils in Teilen, und zwar sowohl zu 100 000 wie zu einer Million, welch letzteres mit mg/l bekanntlich identisch ist, angegeben.

---

1) American public health association, standard methods for the examination of water and sewage. 2. ed. New York 1912. — Dost, K. u. R. Hilgermann, Taschenbuch für die chemische Untersuchung von Wasser und Abwasser. Jena 1908. — Farnsteiner, Buttenberg und Korn, Leitfaden für die chemische Untersuchung von Abwasser. München und Berlin 1902. — Fowler, G., Sewage works analysis. London, P. S. King & Son. — Haselhoff, E., Wasser und Abwasser. Sammlung Göschen. 1909. — Klut, H., Untersuchung des Wassers an Ort und Stelle. 2. Aufl. Berlin 1911, Springer. — König, J., Untersuchung landwirtschaftlicher und gewerblich wichtiger Stoffe. 4. Aufl. Berlin 1911, Parey. — Lunge, G. und E. Berl, Chemisch-technische Untersuchungsmethoden. 6. Aufl. Berlin 1910. — Ohlmüller, W. und O. Spitta, Die Untersuchung und Beurteilung des Wassers und des Abwassers. 3. Aufl. Berlin 1910, Springer. — Rolants, E., Analyse des eaux d'égout. Paris, Masson et Cie., éditeurs. — Royal Commission on sewage disposal. 4. Report. Suppl. IV. 1904. — Tiemann-Gärtner, Handbuch der Untersuchung und Beurteilung der Wässer. 4. Aufl. Braunschweig 1895, Vieweg & Sohn. — Vereinbarungen zur einheitlichen Untersuchung und Beurteilung von Nahrungs- und Genussmitteln. Nach den Beschlüssen der auf Anregung des Kaiserlichen Gesundheitsamts einberufenen Kommission deutscher Nahrungsmittelchemiker. Heft 2. Berlin 1899, Springer. — Weigelt, C., Vorschriften für die Entnahme und Untersuchung von Abwässern und Fischwässern. Berlin 1900, Verlag des deutschen Fischereivereins. — Weigelt, C. und A. Reich, Das Wasser. Muspratts Theor., prakt. u. analyt. Chemie. 4. Aufl. Bd. 11.

2) 1 grain per gallon = 14,2 mg/l.

Bei der qualitativen Prüfung sollten übrigens Bezeichnungen wie „vorhanden“ oder „fehlt“ vermieden werden. Statt „vorhanden“ wird besser angegeben, wie viel von einem Stoff vorhanden ist, und an Stelle des Begriffes „fehlt“ verwendet man besser die Bezeichnung „nicht nachweisbar“.

Bezüglich der Methodik der physikalischen und chemischen Prüfung sei auf die einschlägige Literatur verwiesen. Ich erachte es nicht als meine Aufgabe, in den vorliegenden Ausführungen auf diese im allgemeinen einzugehen. Auf Grund zahlreicher Einzelbeobachtungen sei aber folgendes im besonderen hier hervorgehoben.

Bei der Bestimmung der äusseren Beschaffenheit einer Probe ist ihre Klarheit und Farbe nicht, wie es öfter geübt wird, in der umgeschüttelten, sondern besser in der sedimentierten Wasserprobe[1]), also ebenso wie die schätzungsweisen Ermittlungen der Menge und Farbe der in einem Abwasser enthaltenen ungelösten Bestandteile auszuführen. Die Bestimmung der Durchsichtigkeit eines Wassers hat dagegen, ebenso wie diejenige des Geruches, in der gut durchgeschüttelten Probe zu erfolgen. Zur Feststellung des Durchsichtigkeitsgrades hat sich die Snellensche Schriftprobe Nr. I gut bewährt; zur Ermittelung der Eigenfarbe eines Wassers kann die Forel-Ulesche Farbenskala mit Erfolg Verwendung finden[2]).

Die Ermittelung des Abdampfrückstandes, der Chloride, der verschiedenen Stickstoffverbindungen, des nach Kubel zu ermittelnden Kaliumpermanganatverbrauches[3]) hat bei Vorflutgewässern im allgemeinen in der unfiltrierten, beim Abwasser dagegen in der filtrierten Wasserprobe zu erfolgen. In England werden die Abwasserbestandteile in dem letzten Falle ebenfalls in dem unfiltrierten Abwasser ermittelt. Da aber die in einem Abwasser enthaltenen Schwebestoffe und seine sogenannten gelösten Stoffe durch die einzelnen Abwasserreinigungsverfahren in ganz verschiedener Weise beeinflusst werden, so gibt die Bestimmung der genannten Bestand-

---

1) Waren die Schwebestoffe bei der Entnahme der Probe in der Flüssigkeit gleichmässig verteilt, so empfiehlt es sich, Klarheit und Farbe an der durchgeschüttelten Probe zu bestimmen.

2) Literatur vgl. u. a. Thiesing, Chemische und physikalische Untersuchungen an Talsperren. Mitteil. d. Königl. Prüfungsanstalt f. Wasserversorgung. 1911. H. 15. S. 177.

3) Die Umrechnung des $KMnO_4$-Verbrauches in „organische Substanz“ hat meines Erachtens keinen Zweck und unterbleibt besser.

teile in der filtrierten Probe, d. h. die getrennte Bestimmung der gelösten und ungelösten Bestandteile, zweifellos brauchbarere Einblicke in die besonderen Reinigungsvorgänge des Einzelfalles, als wenn die Ermittlung dieser Stoffe in der unfiltrierten Probe zur Ausführung gelangt wäre. Eine Ausnahme bildet hier eigentlich nur die Ermittlung des gasförmigen Sauerstoffs und der Kohlensäure, die in einer Abwasserprobe, ebenso wie in einer Flusswasserprobe, in den meisten Fällen in dem unfiltrierten und nicht in dem filtrierten Wasser zu ermitteln sind.

Die Bestimmung der Gesamtmenge der in einem Wasser enthaltenen ungelösten Bestandteile, des Ungelösten oder der sogenannten Schwebestoffe, erfolgt selbstverständlich in der vorher gut umgeschüttelten Wasserprobe. Bei der Kontrolle von Abwasserreinigungsanlagen ist der Ermittelung dieser Wasserbestandteile besondere Bedeutung zu schenken; sie soll hier deshalb auch etwas eingehender als die bisher besprochenen Ermittelungen behandelt werden. Zum besseren Verständnis sei dabei zunächst an folgendes erinnert:

Ein Abwasser oder Oberflächenwasser enthält

1. grössere oder geringere Mengen ungelöster Stoffe, die beim längeren ruhigen Stehen der Wasserprobe sich aus derselben abscheiden. In der Abwasserpraxis bezeichnet man den hierbei entstehenden Bodensatz als „absetzbare Schwebestoffe".

   In der über dem ausgeschiedenen Bodensatze stehenden, auf rein mechanischem Wege geklärten Wasserprobe verbleiben

2. weitere, durch Sedimentierung also nicht mehr ausscheidbare Mengen ungelöster Bestandteile. Ihre Abscheidung gelingt aber durch entsprechend feine Siebe, Netze und dergleichen oder durch Ausschleudern mittels der Zentrifuge. Diese ungelösten Stoffe, das sogenannte „Plankton" des Wassers, sind die „praktisch" — auf mechanischem Wege — „nicht ausscheidbaren Schwebestoffe".

   Nach Entfernung dieser Stoffe enthält die Wasserprobe noch gelöste Wasserbestandteile und zwar

3. pseudogelöste Stoffe, Kolloide, die bei Verwendung chemischer Zuschläge zu dem Wasser oder durch Benutzung allerfeinster Siebe, und zwar von Filtrierpapier oder durch ein Asbestfilter, bald mehr bald weniger weitgehend aus dem Wasser noch herausgeschafft werden können; endlich enthält die Wasserprobe noch

4. wirklich gelöste Stoffe, die nur beim Abdampfen der Probe erhalten werden können.

Die Bestimmung der suspendierten Wasserbestandteile, deren mikroskopisch-biologische Untersuchung stets angezeigt ist, erfolgt in der Praxis bekanntlich nun teils analytisch und zwar entweder auf direktem oder indirektem Wege, teils volumetrisch durch Ausschleudern oder Absieben oder durch einfache Sedimentation und endlich unter gleichzeitiger Verwendung chemischer Zuschläge. Die mit Hilfe dieser verschiedenen Methoden erlangten Werte sind deshalb naturgemäss nur selten miteinander vergleichbar.

Die Rubnersche Ausfällungsmethode[1]): Behandeln des Abwassers mit Eisenchlorid und mit essigsaurem Natron und Fällen in der Hitze, wird, auch wenn man dabei die chemischen Zuschläge in Abrechnung bringt, meistens die höchsten Werte liefern, da ausser den absetzbaren und den praktisch mechanisch nicht abscheidbaren Schwebestoffen auch noch ein grosser Teil der Kolloide und der gelösten Stoffe zur Abscheidung gebracht werden.

Die direkte und die indirekte Bestimmung der Schwebestoffe unter Verwendung von Filtrierpapier oder bei Benutzung des Goochtiegels liefert niedrigere Werte als die Rubnersche Methode; bei ihr werden ja die gelösten Stoffe praktisch garnicht und die pseudogelösten Stoffe nur teilweise mitbestimmt.

Die mit Hilfe des Zentrifugenröhrchens[2]) ermittelten Schwebestoffwerte sind wieder niedriger, als die z. B. mit der Goochtiegel-Methode gefundenen Zahlen. Da bei dieser Methode im allgemeinen nur die absetzbaren und die praktisch durch Sedimentation nicht ausscheidbaren Schwebestoffe getroffen werden, so gibt diese Methode, bei der natürlich der Wassergehalt der ausgeschiedenen Stoffe bestimmt werden muss, in gewissem Sinne am genauesten an, wieviel ungelöste Stoffe in einem Abwasser enthalten sind. Stellt man die Untersuchungen nicht nur in der nichtsedimentierten, sondern auch noch in der sedimentierten Probe an, so können die in der Abwasserpraxis so sehr interessierenden Werte, die „praktisch nicht ausscheidbaren“ Schwebestoffe in einfacher und rascher Weise direkt ermittelt werden,

---

1) Rubner, Das städtische Sielwasser und seine Beziehungen zur Flussverunreinigung. Arch. f. Hygiene. 1903. Bd. 46. S. 31.

2) Dost, Die Volumenbestimmung der ungelösten Abwasserbestandteile und ihr Wert für die Beurteilung der Wirkung von Abwasserreinigungsanlagen. Mitt. d. Kgl. Prüfungsanstalt f. Wasserversorgung. 1907. H. 8. S. 203.

die natürlich wieder niedriger sein müssen, als wenn man nach Ausscheidung der absetzbaren Stoffe in dem darüber stehenden Wasser mit Hilfe der Goochtiegel-Methode die ungelösten Stoffe bestimmt haben würde.

Das beim Absieben durch Planktonnetze oder durch feine Drahtsiebe[1]) erhaltene Plankton, für das hier, wo es sich im wesentlichen um Abwasser handelt, wohl richtiger die Kolkwitzsche Bezeichnung „Seston“ gebraucht wird, stellt, ebenso wie bei der Schleudermethode, nur die Menge der wirklich ungelösten Stoffe dar. Die Werte liegen bei der „Absiebmethode“ aber wieder etwas niedriger, als z. B. bei der Schleudermethode, da bei der für die Siebe praktisch zulässigen Maschenweite (ca. $^1/_{15}$—$^1/_{20}$ mm) die feinsten sedimentierfähigen und nicht sedimentierfähigen Stoffe durch das Netz hindurchgehen können.

Die von Dunbar[2]) und von der Emschergenossenschaft[3]) ausgebildete Absetzmethode ist eine quantitative volumetrische Bodensatzbestimmung; sie wird in trichterförmigen Absitzgläsern von 1, 2, oder 3 Liter Inhalt vorgenommen, die in ihrem unteren Teile in Kubikzentimeter eingeteilt sind, und bei denen die abgeschiedenen Schwebestoffe unter Umständen zwecks Bestimmung ihres Wassergehaltes abgelassen werden können. Neben der Volumenbestimmung der Schwebestoffe durch Zentrifugieren stellt die Absetzmethode die meines Erachtens praktisch wichtigste Methode dar, da sie z. B. zeigt, wieviel Schlamm durch eine Absitzanlage entfernt werden kann. Als wichtige Betriebskontrolle wird hierauf später noch näher eingegangen werden.

Diese für die ungelösten Stoffe benutzten Bestimmungsmethoden weisen naturgemäss im einzelnen noch weitere Verschiedenheiten auf. Je schmutziger ein Wasser ist, je grössere Mengen gelöster und pseudogelöster Stoffe dieses enthält, desto weiter werden die erhaltenen Werte im allgemeinen auseinander gehen. Sache des einzelnen Falles ist es deshalb, hier jeweils das Richtige zu treffen. Ausschlaggebend ist dabei die Art der Schwebestoffe, die man im einzelnen Fall zur Be-

1) Kolkwitz, Das Planktonsieb aus Metall. Bericht d. deutschen botanisch. Gesellsch. 1911. Bd. 29. H. 8. — Derselbe, Pflanzenphysiologie. 1914. S. 183. Gustav Fischer, Jena.

2) Guth u. Feigl, Zur Bestimmung und Zusammensetzung der ungelösten Stoffe im Abwasser. Ges.-Ing. 1911. Jahrg. 34. Nr. 17. S. 305.

3) Imhoff, Taschenbuch für Kanalisations-Ingenieure. 2. Aufl. 1912. S. 7. München u. Berlin, R. Oldenbourg.

urteilung der Sachlage heranzuziehen gedenkt. Grundsätzlich falsch ist es aber zweifellos, wenn dabei nur eine dieser Bestimmungsmethoden zwecks Gewinnung eines abgeschlossenen Bildes über den Klärerfolg einer Anlage oder den Zustand einer Vorflut in Berücksichtigung gezogen wird.

Nach den volumetrischen Methoden kann und darf deshalb z. B. die Menge der in einem Wasser vorhandenen Schwebestoffe nie allein beurteilt werden, zumal der hierbei erhaltene Schlamm ein ganz verschieden dichtes Gefüge haben kann (vergl. Tabelle VI). Will man sich hier vor Trugschlüssen schützen, so ist ausser der Volumenbestimmung wenigstens noch der Wassergehalt der ausgeschiedenen Stoffe zu ermitteln.

Ebenso wichtig wie die besprochene Bestimmung der Schwebestoffe sind die Feststellungen, die uns anzeigen, ob im Einzelfalle ein fäulnisfähiges oder ein fäulnisunfähiges Wasser vorliegt. Dabei müssen wir uns von vornherein klar sein, dass uns hierüber die Ermittelung des Abdampfrückstandes bzw. seines Glühverlustes ebensowenig Aufschluss geben kann, wie der Gehalt einer Wasserprobe an Ammoniak, an organischem Stickstoff, an organischem Kohlenstoff, an Albuminoidammoniak oder wie die für den Kaliumpermanganatverbrauch ermittelten absoluten Werte. Sowohl fäulnisfähige wie fäulnisunfähige Wasserbestandteile reagieren ja auf Kaliumpermanganat; fäulnisfähige und fäulnisunfähige Stoffe geben mit Magnesia oder mit Permanganat destilliert Ammoniak ab; beide Abwasserarten enthalten organische Stoffe, organischen Stickstoff und organischen Kohlenstoff. Die bei den genannten Bestimmungen ermittelten Zahlenwerte geben dagegen Aufschluss über die Konzentration[1]) eines Wassers; sie zeigen, wenn man gleichzeitig noch die Zusammensetzung des ursprünglichen reinen Wassers berücksichtigt, also an, ob ein konzentriertes, ein mässig konzentriertes oder ein dünnes Wasser vorliegt. Ueber die Natur dieser die Konzentration bedingenden Stoffe, also über die Schädlichkeit dieses Wassers geben die erwähnten absoluten Werte aber keinerlei Aufschlüsse. Da nicht nur vereinzelt, sondern bis in die neueste Zeit hinein in vielen hunderten von Fällen aus den genannten absoluten Werten allein die Schädlichkeit eines Abwassers für einen Vorfluter

1) Bezüglich der Mc Gowanschen Konzentrationsformel vgl. u. a. Wasser und Abwasser. Bd. 4. S. 396. Für rohes und vorgefaultes Abwasser lautet die Formel 4,5 (A + B) + 6,5 C, für chemisch vorgeklärte Abwässer 4,5 (A + B) + 6 C. Dabei bedeutet A Albuminoid-Ammoniak, B organischer Stickstoff und C Permanganatverbrauch (4 Stunden-Test).

hergeleitet wird, so kann auf das Ebengesagte nicht nachdrücklich genug hingewiesen werden.

Die in Tabelle I mitgeteilten Werte haben also, mit anderen Worten ausgedrückt, wenn man dabei von den Werten für die ungelösten Stoffe absieht, im grossen und ganzen für fäulnisunfähige wie für fäulnisfähige Abwässer, also sowohl für Rohwässer wie für gefaulte und für biologisch gereinigte Wässer Gültigkeit; sie sollen Anhaltspunkte geben über die Konzentration, die diese Abwasserarten im Einzelfalle aufzuweisen imstande sind. Die da und dort z. B. in England für städtische Abwässer aufgestellten Grenzwerte[1]), die absolute Werte für den Kaliumpermanganatverbrauch und für die Stickstoffverbindungen vorsehen, sind also fehlerhaft und können in der gedachten allgemeinen Fassung als brauchbare Indikatoren für den Reinheitsgrad von Abwässern nicht bezeichnet werden.

Tabelle I.

Uebersicht über die Konzentration häuslicher und normaler städtischer Abwässer.

	Ungelöstes Gesamtmenge mg/l	Im filtrierten Wasser ermittelt mg/l				
		Abdampfrückstand Gesamtmenge	Chlor gebunden	Ammoniakstickstoff	Organ. Stickstoff	Kaliumpermanganatverbrauch
Dünne Abwässer	bis 300	bis 500	bis 100	bis 30	bis 10	bis 200
Abwässer von mittlerer Konzentration	bis 500	bis 1000	bis 150	bis 50	bis 30	bis 300
Konzentrierte Abwässer	über 500	über 1000	über 150	über 50	über 30	über 300

Einfache Reaktionen, durch die die Fäulnisfähigkeit eines Abwassers mit Sicherheit ermittelt werden kann, gibt es nun zurzeit leider noch nicht. Die Menge der die Fäulnis meistens bedingenden Eiweissstoffe[2]) ist nämlich in den Abwässern eine zu geringe, als

1) Vgl. hierzu z. B. die Zusammenstellung in Georg Adam, Der gegenwärtige Stand der Abwässerfrage. S. 62 u. 63. Braunschweig 1905, Vieweg u. Sohn; ferner H. M. Wilson u. H. T. Calvert, Standards and Tests for Sewage and Sewage Effluents. Wakefield 1913. West Riding Rivers Board.

2) Der bei der Fäulnisprobe aus den Eiweisskörpern durch bakterielle Tätigkeit gebildete H_2S kann übrigens auch herrühren: aus Sulfaten (durch die Tätigkeit der Microspira desulfuricans — Beijerinck — oder einiger Organismen der Coligruppe), oder aus Thiosulfat oder Sulfit (nur durch einige Bakterienarten möglich), oder auch aus Schwefel selbst (Umwandlung durch fast alle Bakterien möglich); s. auch Tabelle XII. Bei Bewertung der Fäulnisprobe bedarf dies im einzelnen Falle entsprechender Berücksichtigung.

dass dieselben z. B. mit dem Millonschen Reagens direkt nachgewiesen werden könnten. Um die Fäulnisfähigkeit oder Fäulnisunfähigkeit eines Wassers zu ermitteln, müssen deshalb andere Wege eingeschlagen werden.

Die direkte Feststellung, ob ein Wasser bei seiner Aufbewahrung in Fäulnis übergeht, ob es übelriechend wird, und ob Schwefelwasserstoff teils in freier Form, teils als Schwefeleisen in der aufbewahrten Probe nachgewiesen werden kann, ist nun die zurzeit sicherste Prüfung auf die Fäulnisfähigkeit eines Abwassers.

Die Ermittelung der Zersetzbarkeit bzw. der Haltbarkeit einer Probe durch Anstellung von „Gärversuchen", kurzweg die Ausführung der Fäulnisprobe erfolgt am besten dadurch, dass man eine weithalsige 200 g-Flasche mit dem zu untersuchenden Wasser derartig anfüllt, dass der Hals und der oberste Teil der Wölbung der Flasche vom Wasser frei bleibt. Dann wird diese Flasche unter Einklemmen eines Streifens von Bleipapier, das aber in das Wasser nicht hineinragen darf, unter Lichtabschluss und verschlossen 10 Tage lang bei 22° C aufbewahrt. Die Veränderungen, die dabei das Wasser erleidet, werden notiert. Das Auftreten eines fauligen Geruches ohne gleichzeitige Schwefelwasserstoffentwickelung deutet auf nur geringe Fäulnisfähigkeit, Eintreten von Schwefeleisenbildung ist dafür schon ein deutlicheres Anzeichen, typische Fäulnisfähigkeit besteht aber nur dann, wenn freier Schwefelwasserstoff an dem eingehängten Bleipapierstreifen deutlich nachzuweisen ist.

Finden sich in einem Wasser grosse Mengen ungelöster Stoffe, wie dies z. B. bei Tropfkörperabflüssen der Fall ist, so ist die Fäulnisprobe teils mit, teils ohne Schwebestoffe anzustellen. Die Schwebestoffe können nämlich zu einem grossen Teil aus Organismen bestehen; diese würden bei der Aufbewahrung absterben, und dann eine Fäulnis vortäuschen, die in Wirklichkeit gar nicht vorhanden zu sein braucht.

Beim Vorhandensein grösserer Mengen von Kohlehydraten, wie dieses zahlreiche gewerbliche Abwässer (Stärkefabrikabwässer, Zuckerfabrikabwässer usw.) aufweisen, muss bei Anstellung der Fäulnisprobe stets auch auf die Reaktion des Wassers geachtet werden. Tritt bei der Aufbewahrung der Probe Säuerung, also Gärung statt Fäulnis ein, so ist die Fäulnisprobe unter Beifügung entsprechender Mengen Alkalien (von Ammoniak, Soda und dergl.) zu wiederholen. Typische Fäulniserscheinungen können nämlich, solange ein derartiges Wasser sauer reagiert, nicht auftreten, und der Nachweis der Fäulnisfähigkeit bzw. Fäulnisunfähigkeit kann deshalb auch nicht in sauer reagierenden Proben geführt werden.

Hand in Hand mit der Prüfung auf Schwefelwasserstoff und mit der Ermittelung der Reaktion der Probe sind bei ihrer Aufbewahrung auch ihre grobsinnlich wahrnehmbaren äusseren Eigenschaften, ihre Farbe — ob gelb oder schwärzlich durch Schwefeleisen —, ihr Geruch .— ob fäkalisch, faulig oder erdig-modrig —, die Farbe ihres Bodensatzes — ob gelb-braun oder schwarz — zu beobachten. Diese Feststellungen geben weitere Anhaltspunkte darüber, ob fäulnisunfähige oder fäulnisfähige Abwässer im einzelnen Falle vorhanden sind.

Zahlreich sind im übrigen die Vorschläge über den Nachweis der Fänlnisfähigkeit eines Wassers. Die nachstehend gebrachten Prüfungsmethoden geben hierüber einen ungefähren Ueberblick.

(I). Die Schüttel[1])- und die Filtrationsmethode. Diesen beiden einfachen Methoden liegt im wesentlichen der verschieden grosse Gehalt eines Wassers an Kolloidstoffen zugrunde. Frische Abwässer, die viele Kolloide enthalten, filtrieren nämlich durch Filtrierpapier schlecht, und der beim Schütteln der Probe entstehende Schaum verschwindet entweder gar nicht oder nur langsam; gefaulte Abwässer, die geringere Kolloidmengen enthalten, filtrieren schon besser und bilden weniger lange stehenbleibenden Schaum beim Schütteln. Fäulnisunfähige Abwässer, z. B. Abflüsse von Rieselfeldern, können endlich durch Filtrierpapier hindurchgehen wie reine Oberflächenwässer, und die 1 Minute lang kräftig geschüttelte Probe lässt den gebildeten Schaum oft schon nach 3 Sekunden wieder verschwinden.

(II). Auf die verschieden grosse Reduktionsfähigkeit von fäulnisfähigen und fäulnisunfähigen Wässern, der ja auch die Permanganatbestimmungsmethode zugrunde liegt, gründen sich die Fowlersche Methode der Sauerstoffzehrung, die Sauerstoffzehrungsmethode der Royal Commission, die Feststellung des Nitratverbrauches eines Wassers bei seiner Bebrütung, die Spitta- und Weldertsche Methylenblauprobe und die Methode des Schwefelwasserstoffnachweises nach Weldert und Röhlich mittels der Caroschen Reaktion.

---

1) Vergl. Royal Commission on Sewage Disposal. 1898. Fifth Report. Appendix VII. p. 7. Test von Sidney Barwise.

(1). Bei der Fowlerschen Methode[1]) der Sauerstoffzehrung wird das unfiltrierte Abwasser mit reinem Wasser gemischt; in der Mischprobe erfolgt vor und nach der Zehrung (nach 2—3 Tagen) die Ermittelung des Sauerstoffgehaltes. Fäulnisfähige Wässer verbrauchen dabei viel, fäulnisunfähige Wässer geringe Mengen des vorhandenen Sauerstoffs.

(2). Bei der von der Royal Commission in ihrem 5. Bericht empfohlenen Methode der Sauerstoffzehrung wird die filtrierte Probe durch Schütteln in halbgefüllter Flasche mit Sauerstoff bzw. Luft gesättigt. Ein fäulnisunfähiges, gut gereinigtes Wasser soll

in 24 Stunden nicht mehr als 5 mg,
" 48 " " " " 10 " und
" 5 Tagen " " " 15 " Sauerstoff oder Luftsauerstoff im Liter verbrauchen.

(3). Die Feststellung des Nitratverbrauches eines Wassers vor und nach der Bebrütung[2]) stützt sich auf die Beobachtung, dass Rohwässer und faulige Wässer hierbei grosse Mengen von Nitraten verbrauchen, während in fäulnisunfähigen Wässern der Nitratgehalt praktisch unverändert bleibt oder nur wenig abnimmt.

(4). Bei der die reduzierenden Wirkungen der Fäulnisprodukte benutzenden Methylenblauprobe nach Spitta und Weldert[3]) zeigen fäulnisunfähige Wässer, mit entsprechenden Mengen Methylenblau versetzt und unter Lichtabschluss aufbewahrt, nach 6stündiger Bebrütung bei 37° oder bei 24stündiger Aufbewahrung bei Zimmertemperatur die blaue Farbe in unveränderter Stärke. Beim Vorhandensein geringer Mengen fäulnisfähiger Stoffe tritt eine teilweise Verfärbung oder eine Grünfärbung der Flüssigkeit ein. Rohwässer oder gefaulte Abwässer zeigen eine vollständige Entfärbung. Für Abwässer wie für Vorflutgewässer ist die Methylenblauprobe zur raschen Orientierung gleich gut geeignet. Enthält ein Wasser viel Schwebestoffe, die den

1) Fowler, The application of chemical analysis to the study of the biolog. processes of sewage purification. Lecture on Marth 24th. Manchester 1904.

2) Vergl. u. a. Schmidtmann, Thumm, Reichle, Handbuch der Hygiene von Rubner, v. Gruber u. Ficker. Bd. 2. H. 2. S. 170.

3) Ohlmüller u. Spitta, l. c. S. 73. Ausführung der Methylenblauprobe: In ein 50 ccm fassendes, mit Glasstopfen verschliessbares Fläschchen gibt man 0,3 ccm einer 0,05proz. wässerigen Lösung von Methylenblau. Das Fläschchen wird mit der Probe völlig angefüllt, der Glasstopfen wird gesichert, so dass er fest aufsitzt; dann wird, wie oben geschildert, weiterverfahren.

Tabelle II. **Beispiele über die Zusammensetzung verschiedener**

Bezeichnung	Aeussere Beschaffenheit: Klarheit	Durchsichtigkeit in cm	Farbe	Geruch	Ungelöstes (Menge, Farbe usw.)	Fäulnisprobe	Methylenblauprobe (nach 6 Stunden)	Reaktion
Urin (1 = 100 mit destilliertem Wasser verdünnt)	klar	über 50	gelblich	urinös	fehlt	negativ	—	alkalisch
Kot (1 = 100 mit destilliertem Wasser angerieben)	stark trübe	unter 0,5	gelblichbraun	fäkalisch	sehr reichlich, gelbbraun	positiv	positiv	amphoter
Konzentriert. frisches städtisches Abwasser	sehr stark trübe	—	hellbraun	widerlich jauchig	sehr reichlich, dunkelbraun	do.	—	alkalisch
Frisches Abwasser von mittlerer Konzentration	do.	—	schmutzig graugelb	jauchig-urinös	reichlich, gelbbraun	do.	—	schwach alkalisch
Dünnes frisches Abwasser (aus einem Krankenhaus)	trübe	unter 1	sehr schwach grau, Stich ins Gelbe	fäkalisch	mässig, hellbraun	do.	—	alkalisch

Farbstoff absorbieren könnten, so ist die Methylenblauprobe sowohl im unfiltrierten wie im sedimentierten Wasser auszuführen. Enthält ein Wasser aber viele chemische Zuschläge, die den Farbstoff ausfällen, so ist dagegen die Probe zur orientierenden Ermittelung auf Fäulnisfähigkeit weniger gut zu gebrauchen. Jackson und Horton empfehlen an Stelle von Methylenblau einen anderen Farbstoff, und zwar das Methylgrün. Die Unterschiede sind meines Erachtens praktisch belanglos; ich wenigstens bin mit Methylenblau immer zufrieden gewesen.

(5). Bei der Methode von Weldert und Röhlich[1]) wird das Abwasser bei 37° 24 Stunden lang bebrütet und vor und nach der Bebrütung mittels der Caroschen Reaktion auf Schwefelwasserstoff geprüft. Bei fäulnisfähigen Wässern fällt die Reaktion positiv, bei fäulnisunfähigen Wässern dagegen negativ aus.

(III). Von Ermittelungen, die sich endlich auf die gebräuchlichen Analysenwerte stützen, sollen noch folgende aufgeführt werden:

1) Die Bestimmung der Fäulnisfähigkeit biologisch gereinigter Abwässer. Mitteilung. a. d. Kgl. Prüfungsanstalt f. Wasserversorgung. 1908. H. 10. S. 26.

frischer“ (unbehandelter) Abwässer (Rohwässer).

In 1 Liter des unfiltrierten Wassers sind enthalten mg				In 1 Liter des filtrierten Wassers sind enthalten mg									Bemerkungen
Ungelöstes		Schwefelwasserstoff (H_2S)	Gasförmiger Sauerstoff	Abdampfrückstand		Chlor (Cl)	Stickstoff					werden verbraucht mg Kaliumpermanganat ($KMnO_4$)	
Gesamt	Glühverlust			Gesamt	Glühverlust		Gesamt-	Nitrat-	Nitrit-	Ammoniak-	organischer		
—	—	nicht nachweisbar	nicht nachweisbar	433	286	83	133	nicht nachweisbar	nicht nachweisbar	10	123	75	
1132	985	Spuren	do.	906	650	8 (8)	29 (86)	do.	do.	10 (11)	19 (75)	964 (2013)	Die eingeklammerten Zahlen sind in der unfiltrierten Probe ermittelt.
1340	820	nicht nachweisbar	nachweisbar	1924	470	250	179	do.	do.	86	93	823	
433	329	do.	nicht nachweisbar	967	347	151	71	do.	do.	36	35	337	
198	127	do.	do.	567	198	80	31	do.	do.	13	18	198	

(1). Der Vergleich der Stickstoffverbindungen untereinander bei gleichzeitigem Fehlen oder Vorhandensein von Nitraten in ein und derselben Wasserprobe. „Frische“ Rohwässer enthalten meistens ebenso viel oder auch noch mehr organischen Stickstoff als Ammoniakstickstoff (vergl. Tabelle II). Bei „schalen“ Abwässern, bei „fauligen“ und „fäulnisunfähigen“ Wässern liegen dagegen die absoluten Ammoniakwerte höher als die Werte für den organischen Stickstoff; schale Abwässer (vergl. Tabelle IV) sind dabei frei von Schwefelwasserstoff, faulige Abwässer (vergl. Tabelle VII) enthalten diesen oft in grossen Mengen; fäulnisunfähige Wässer (vergl. Tabelle VIII u. XI) sind wieder schwefelwasserstofffrei[1]) und enthalten noch Nitrate, welch letztere auch bei einer Bebrütung der Probe in dieser nicht verschwinden dürfen.

(2). Bei der indirekten Methode nach Dunbar[2]) werden die absoluten Werte für Kaliumpermanganatverbrauch in der unbehandelten (fäulnisfähigen) Probe mit denjenigen des behandelten (fäulnisunfähigen

1) Bezüglich der Ausnahmen s. S. 42 bzw. S. 61 (Kohlebreiverfahren und künstliches biol. Verfahren).

2) Dunbar und Thumm, Beitrag zum derzeitigen Stande der Abwasserreinigungsfrage. München und Berlin 1902, R. Oldenbourg. S. 17.

Wassers) zueinander in Vergleich gesetzt. Beträgt hierbei die Abnahme des Permanganatverbrauches 60—65 pCt., so soll das gereinigte Wasser in den meisten Fällen seine Fäulnisfähigkeit verloren haben. Die Abnahme des organischen Stickstoffs und des Albuminoidammoniaks sollen sich dabei in den gleichen Grenzen[1]) halten, der Einfachheit halber gibt aber Dunbar statt dieser Bestimmungen der Bestimmung des Permanganatverbrauches den Vorzug.

Ueber die Bestimmung der Fäulnisfähigkeit bzw. Fäulnisunfähigkeit ist zusammenfassend folgendes auszuführen:

Die absoluten Werte des Abdampfrückstandes bzw. seines Glühverlustes, des organischen Stickstoffs, des Albuminoidstickstoffs, des Kaliumpermanganatverbrauches können also die Frage, ob ein Wasser fault oder nicht, ohne weiteres uns in keinem Fall beantworten. Wollen wir hierüber Klarheit haben, so ist es unerlässlich, die Fäulnisprobe anzustellen. Die von Dunbar[2]) empfohlene indirekte Methode (s. oben unter III, 2), ferner die Methylenblauprobe (s. unter II, 4) geben im Einzelfalle vorzügliche Anhaltspunkte. Wie bei den anderen Methoden ist es aber auch bei diesen Methoden notwendig, die Fäulnisprobe selbst noch anzustellen.

Die Fäulnisprobe[3]) gibt uns im übrigen Aufschluss über die Schädlichkeit eines häuslichen Abwassers, die genannten absoluten Zahlenwerte sind zur Beurteilung der Konzentration der gelösten Abwasserbestandteile notwendig; beide Punkte zusammen ermittelt, genügen also, die Eigenschaften eines Wassers im Rahmen einer Kontrolle abschliessend zu beurteilen. Bei feineren wissenschaftlichen Feststellungen wird man aber der anderen Methoden nicht gut entraten können.

Der Umfang der jeweiligen Untersuchung ist naturgemäss ein verschieden grosser; bei Abwässern sind andere Bestimmungen auszuführen, wie bei Vorflutwässern und bei diesen wieder andere als bei Schlammproben. Der Umstand, ob städtische oder ob gewerbliche Abwässer vorliegen, ferner die Verhältnisse des Einzelfalles selbst sind natürlich weiter noch zu berücksichtigen.

---

1) Dunbar, Leitfaden für die Abwasserreinigungsfrage. 2. Aufl. München und Berlin 1912, R. Oldenbourg. S. 578.

2) Dunbar hat übrigens die indirekte Methode als alleinigen Indikator für gut gereinigte Abwässer nirgends empfohlen (vgl. z. B. Dunbar und Thumm, l. c. S. 19).

3) Bei stickstofffreien oder stickstoffarmen Wässern tritt an die Stelle der Fäulnisprobe die „Gärprobe“.

In der Praxis wird die Untersuchung meistens so weit ausgedehnt, als zur Erreichung des mit der Untersuchung verfolgten Zweckes notwendig scheint. Der die Verhältnisse überschauende Fachmann beschränkt sich infolgedessen gern auf das allernotwendigste Mass und sieht oft seinen Stolz darin, hier mit so wenig Ermittelungen wie möglich auszukommen. Dieser Standpunkt scheint mir aber trotzdem nicht der ganz richtige zu sein; wissenschaftlich Neues, anormale analytische Verhältnisse werden dabei zu leicht übersehen. Bei der fortlaufenden Kontrolle von Kläranlagen möchte ich wenigstens neben den absolut notwendigen Ermittelungen von Zeit zu Zeit ausgeführte umfangreichere Untersuchungen nicht gern entbehren.

Folgende in der chemischen Abteilung der Königl. Landesanstalt für Wasserhygiene ausgearbeiteten Beispiele, die einen Ueberblick über den Umfang von Untersuchungen bieten können, mögen hier noch Platz finden.

A. Oberflächenwasser (Feststellung des Reinheitsgrades von Flüssen).

1. Einfachere Untersuchungen (zur Untersuchung erforderliche Menge 2 Liter): Aeussere Beschaffenheit, Methylenblauprobe, Reaktion, Salpetersäure, salpetrige Säure, Ammoniak, Chlor, Kaliumpermanganatverbrauch und Schwefelwasserstoff.
2. Ausführlichere Untersuchungen (zur Untersuchung erforderliche Menge 3—5 Liter): Aeussere Beschaffenheit, Methylenblauprobe, Reaktion, Gesamtmenge der suspendierten Stoffe, ihr Glühverlust bzw. Glührückstand, Menge der absetzbaren und der praktisch mechanisch nicht ausscheidbaren Schwebestoffe (Volumen und Wassergehalt), Salpetersäure, salpetrige Säure, Ammoniak, Chlor, Kaliumpermanganatverbrauch, Schwefelwasserstoff, Sauerstoff und Sauerstoffzehrung.
3. Umfangreiche Untersuchungen (zwecks Feststellung auch technischer Verunreinigungen) (zur Untersuchung erforderliche Menge 5 bis 15 Liter): Aeussere Beschaffenheit, Methylenblauprobe, Reaktion, Gesamtmenge der suspendierten Stoffe, ihr Glühverlust bzw. Glührückstand, Menge der absetzbaren und absiebbaren Schwebestoffe und der praktisch mechanisch nicht ausscheidbaren Schwebestoffe (Volumen, Wassergehalt, Organisches), Gesamtmenge des Abdampfrückstandes, sein Glühverlust bzw. Glührückstand, Salpetersäure, salpetrige Säure, Ammoniak, Chlor, Kaliumpermanganatverbrauch, Kalk, Magnesia, Eisen, Schwefelsäure, Phosphorsäure, Säurebindungsvermögen, Leitfähigkeitsvermögen, Sauerstoff, Sauerstoffzehrung und Schwefelwasserstoff.

B. Abwasser.

1. Einfachere Untersuchung von häuslichem und städtischem Abwasser (zur Untersuchung erforderliche Menge 3 Liter): Im unfiltrierten Wasser: Aeussere Beschaffenheit, Fäulnisprobe, Methylenblau-

probe, Reaktion[1]), Gesamtmenge der suspendierten Stoffe, ihr Glührückstand bzw. Glühverlust, Menge der absetzbaren Schwebestoffe und der praktisch mechanisch nicht ausscheidbaren Schwebestoffe (Volumen und Wassergehalt), Schwefelwasserstoff; im filtrierten Wasser: Chlor, Kaliumpermanganatverbrauch, Gesamtstickstoff, organischer Stickstoff, Ammoniakstickstoff, Nitrat- und Nitritstickstoff.

2. Umfangreichere Untersuchung von häuslichem und städtischem Abwasser (zur Untersuchung erforderliche Menge 5 Liter). Im unfiltrierten Wasser: Aeussere Beschaffenheit, Fäulnisprobe, Methylenblauprobe, Reaktion[1]), Gesamtmenge der suspendierten Stoffe, ihr Glühverlust bezw. Glührückstand, Menge der absetzbaren Schwebestoffe und der praktisch mechanisch nicht ausscheidbaren Schwebestoffe (Volumen und Wassergehalt), Schwefelwasserstoff; im filtrierten Wasser: Gesamtmenge des Abdampfrückstandes, sein Glühverlust bzw. Glührückstand, Chlor, Nitrat- und Nitritstickstoff; ferner sowohl im filtrierten wie im unfiltrierten Wasser: Gesamtstickstoff, organischer Stickstoff, Ammoniakstickstoff, Albuminoidstickstoff und Kaliumpermanganatverbrauch[2]).
3. Untersuchung von gewerblichem Abwasser (zur Untersuchung erforderliche Menge 4—10 Liter): Aeussere Beschaffenheit, Fäulnisprobe, Methylenblauprobe, Reaktion[1]), Azidität bzw. Alkalinität, Gesamtmenge der suspendierten Stoffe, ihr Glühverlust bzw. Glührückstand, Menge der absetzbaren und absiebbaren Schwebestoffe und der praktisch mechanisch nicht ausscheidbaren Schwebestoffe (Volumen, Wasser und Organisches), Gesamtmenge des Abdampfrückstandes, sein Glühverlust bzw. Glührückstand, Chlor, Kaliumpermanganatverbrauch, Schwefelwasserstoff, Gesamtstickstoff, organischer Stickstoff, Ammoniakstickstoff, Nitrit- und Nitratstickstoff, Prüfung mittels Interferometers, Leitfähigkeitsbestimmung. Die Ermittelung der einzelnen Bestandteile erfolgt teils im filtrierten, teils im unfiltrierten Wasser, teils werden aber auch die Bestimmungen, dem jeweiligen Bedürfnis entsprechend, sowohl im unfiltrierten wie im filtrierten Wasser ausgeführt[2]).

C. Klärschlamm.

1. Auf landwirtschaftlichen Wert (zur Untersuchung erforderliche Menge 3 kg): Ammoniak, Asche, Kali, Kalk, Phosphorsäure (gesamt), Phosphorsäure (löslich), Stickstoff und Trockensubstanz.
2. Auf Brennwert: Trockensubstanz und Verbrennliches.
3. Untersuchung vom klärtechnischen Standpunkte aus (zur Untersuchung erforderliche Menge 5—10 kg): Physikalische Eigenschaften (Farbe, Geruch, Konsistenz, Reaktion) und Schwefelwasser-

---

1) Bei feineren Untersuchungen, z. B. bei Ermittelungen über die Frage der Schlammzersetzung in abgetrennten Faulräumen, ist zu empfehlen, die Reaktion nie mit Lackmuspapier allein, sondern auch noch u. a. mit Methylorange, Phenolphtalein, Rosolsäure usw. zu ermitteln.

2) Zwecks Feststellung der düngenden Wirkung eines Abwassers wären noch zu ermitteln: P_2O_5, CaO, MgO und K_2O.

stoff bei der Entnahme und nach 10tägiger Bebrütung bei 22°, teils im verdünnten, teils im unverdünnten Schlamm ermittelt; Wasser, Fett, Stickstoff, Phosphorsäure, Kalk, Eisen, Glührückstand, Glühverlust, Säurebindungsvermögen und Drainierfähigkeit[1]) (auf Filtrierpapier). Bei saurer Reaktion des Schlammes Prüfung auf organische und anorganische Säuren[2]), auf saure Salze und auf Kohlensäure.

Die physikalischen und chemischen Untersuchungen sind, dem Bedarfsfalle entsprechend, durch bakteriologische und biologische Untersuchungen zu ergänzen. Beim Vorhandensein gewerblicher Abwässer kann die Prüfung auf charakteristische Abwasserbestandteile (vgl. Tabelle XIII) notwendig werden. Hierüber geben die Werke von J. König[3]) und von Ferdinand Fischer[4]) wertvolle Anhaltspunkte; rasch orientiert hierüber die übersichtliche Zusammenstellung in dem Werkchen von Farnsteiner, Buttenberg und Korn[5]).

III. Die Kontrolle von Abwasserreinigungsanlagen im allgemeinen.

Die wissenschaftliche Kontrolle von Abwasserreinigungsanlagen ist bekanntlich keine ganz einfache Sache. Nur der Fachmann, der die Verhältnisse in chemischer, biologischer, bakteriologischer und auch in technischer Hinsicht zu überschauen vermag, wird sie so auszuführen vermögen, dass sie das Richtige trifft, die aufgewendeten Kosten lohnt, also wirklichen Nutzen zu bringen vermag. Die Prüfung der Verhältnisse an Ort und Stelle durch den Sachverständigen, die Entnahme der Wasserproben durch ihn selbst oder unter seiner Leitung ist die unerlässliche Voraussetzung, sofern die Wirkung einer Reinigungsanlage sachgemäss ermittelt oder die Einwirkung der behandelten Wässer auf die Vorflut abschliessend beurteilt werden soll.

---

1) Die Ermittelung der Drainierfähigkeit geschieht folgendermassen: Auf ein 1 Liter Schlamm fassendes Faltenfilter wird nach vorheriger Anfeuchtung mit reinem Wasser die ganze Schlammenge auf einmal aufgegeben. Der entsprechend gross zu wählende Trichter steht auf einem ca. 300 ccm fassenden Messzylinder, in dem das Verhalten des Filtrats beobachtet und seine Menge jederzeit direkt abgelesen werden kann. Das abfliessende Wasser ist chemisch etwa nach B. 1 (S. 17), ferner auf Fe, auf sein Säurebindungsvermögen u. dergl. zu untersuchen. Beim Stehen der Probe sich bemerkbar machenden Veränderungen, z. B. Uebergang von etwa vorhandenem Ferrobicarbonat in Eisenhydroxyd, ist nachzugehen.

2) Bezüglich der Art dieser Prüfung vgl. die Fussnote auf Seite 80.

3) König, J., Die Verunreinigung der Gewässer. Berlin 1899, Julius Springer.

4) Fischer, F., Das Wasser. Leipzig 1914, O. Spamer.

5) l. c. S. 56.

Gelegentlich von Laien ausgeführte Probeentnahmen scheinen deshalb in jeder Form verfehlt, zumal bei der heutigen Verteilung der wissenschaftlichen Untersuchungsstellen in Deutschland, von denen aus jederzeit ein Fachmann in kürzester Zeit zur Verfügung steht, und wo die biologisch-mikroskopische Untersuchung Aufschlüsse auch über Vorgänge gibt, die eine Reihe von Tagen vorher in einem Vorfluter gegebenenfalls sich abgespielt haben.

Einer Beurteilung der in Rede stehenden Verhältnisse an der Hand eingesandter, im Laboratorium alsdann untersuchter Proben wird man trotzdem nicht immer entgehen können; auch wir können dieses nicht in allen Fällen. Wir legen alsdann aber Wert darauf, dass wir wenigstens alle 1 bis 2 Jahre die Anlage selbst kontrollieren, und dass derjenige, der die Proben zu entnehmen hat, durch uns vorher entsprechend angelernt wird.

In derartigen Fällen gehen uns von jeder Wasserprobe nicht nur eine, sondern drei Flaschen zu, von denen die eine Flasche (1 bis 2 Liter) mit 2 ccm Chloroform[1]) und die andere nach Filtrierung der Probe durch grosse Faltenfilter mit 2—4 ccm 25 proz. Schwefelsäure versetzt wird, während die dritte Flasche keine Konservierungsmittel erhält. In der mit Chloroform versetzten Probe bestimmen wir dann den Abdampfrückstand, die Schwebestoffe, die Nitrite, die Nitrate und die Chloride; in der angesäuerten Probe werden der organische Stickstoff, das Ammoniak und der Kaliumpermanganatverbrauch ermittelt, und an der Probe. die keine Zuschläge erhalten hat, beobachten wir die Veränderungen, die das Wasser bei seiner Aufbewahrung zeigen kann. Die biologischen Proben gehen uns hierbei mit Formalin versetzt zu. Den eingesandten Proben hat jeweils das Betriebsbuch der Kläranlage bzw. der für die Beurteilung erforderliche Teil desselben beizuliegen; gleichzeitig erhalten wir Angaben über die äussere Beschaffenheit der Proben zur Zeit der Probeentnahme, über ihre Reaktion und über das eventuelle Vorhandensein von Schwefelwasserstoff. Die Witterungsverhältnisse und der Wasserstand im Vorfluter während und einige Tage vor der Probeentnahme werden uns ebenfalls bekanntgegeben.

Die Zahl der jährlich vorzunehmenden, wissenschaftlichen Kontrollen wird naturgemäss durch die Verhältnisse des Einzel-

---

1) Proskauer und Thiesing, Vierteljahrsschr. f. gerichtl. Med. 1901. Suppl. S. 225.

falles bestimmt. Viertel- bis halbjährlich, also etwa vier- oder zweimal im Jahre anzustellende Erhebungen dürften für die wissenschaftliche Kontrolle einer Anlage in den meisten Fällen genügen.

Bei der Wahl des jeweiligen Betriebstages wird man darauf Bedacht nehmen müssen, dass man die Anlage nicht immer nur an ein und demselben Wochentage, sondern an den verschiedenen Tagen der Woche kennen lernt; die Anlage wird man auch nicht immer nur vormittags, sondern auch einmal an einem Nachmittage und gelegentlich auch einmal am Abend kontrollieren. Eine sachgemässe Kontrolle wird auch die verschiedenen Jahreszeiten und die verschiedenen, in dem Vorfluter vorkommenden Wasserstände, endlich sowohl Zeiten, in denen der Vorfluter mit einer Eisdecke überzogen ist, wie solche, in denen dieser eisfrei ist, berücksichtigen.

Wechselnde Abwasserbeschaffenheit bedarf natürlich gleichfalls der Berücksichtigung. Die Kläranlagen von Badeorten wird man daher nicht nur innerhalb, sondern auch ausserhalb der Saison kontrollieren; Anstaltskläranlagen wird man sich sowohl an Waschtagen, wie an Tagen, an denen nicht gewaschen wird, ansehen, und biologische Anlagen wird man mit Rücksicht auf das eventuelle Auftreten von Gerüchen und von Fliegen sowohl im Sommer wie auch bei verminderter oder bei teilweise gelähmter Selbstreinigungskraft, also in den Wintermonaten, in Augenschein nehmen.

Endlich wird man aber auch nicht nur während einer Fabrikkampagne (bei Zuckerfabriken, Stärkefabriken, Konservenfabriken, Brennereien usw.), bei Mischkanalisationen nicht nur bei Trockenwetter, sondern auch bei Regenwetter seine Feststellungen vorzunehmen haben. Kommt dabei ein Abwasser nur während gewisser Tagesstunden, also gewissermassen stossweise zum Abfluss (bei Molkereiabwässern z. B. nur in den Morgenstunden, bei manchen Fabrikanlagen, die Aufhaltebecken haben, nur in den Abendstunden), so wird man zwecks Gewinnung eines richtigen Bildes der Gesamtverhältnisse die Vorflut auch einmal ausserhalb des Abwasserablassens in Augenschein zu nehmen haben.

Wichtig ist weiter dann die Frage, ob die Kontrolle von Abwasserreinigungsanlagen nach vorheriger Anmeldung oder unangemeldet erfolgen soll. Diese, an sich etwas schwierige Frage beantwortet sich in der Praxis verhältnismässig einfach; dort, wo man vertrauen darf, wird man vorher sich anmelden, dort aber, wo Unregelmässigkeiten vorkommen können, wird man die Prüfung der

Anlage besser unangemeldet vornehmen. Wir selbst führen unsere Kontrollprüfungen nur auf besonderen Antrag unangemeldet aus; sonst melden wir uns lieber vorher an. Der Betriebsleiter kann dann der Kontrolle beiwohnen, über die Einzelheiten des Betriebes kann man sich genau unterrichten, etwa zu machende Aenderungsvorschläge können gleich an Ort und Stelle auf ihre praktische Durchführbarkeit hin besprochen werden. Nach unseren Erfahrungen scheint eine vorherige Benachrichtigung im Interesse der Sache zu liegen; Nachteile haben wir dabei wenigstens niemals beobachten können.

Da die Vornahme der Betriebskontrolle im allgemeinen die Feststellung der durchschnittlichen Leistung einer Kläranlage zu ihrem Ziele hat, so ist es dabei von der grössten Wichtigkeit, dass die entnommenen Proben auch wirkliche Durchschnittsproben darstellen. Hierbei muss man sich aber von vornherein klar sein, dass bei dieser Art des Vorgehens der aus derartigen Durchschnittsproben erhaltene Befund mehr oder weniger weitgehend verwischt sein kann, bei wechselnder Abwasserbeschaffenheit z. B. ein richtiges Bild der Schädlichkeit eines Abwassers also nicht immer bieten kann. In derartigen Fällen, bei Beantwortung vieler wissenschaftlicher Fragen, ferner bei Benutzung von Grenzwerten (s. unten) wird man deshalb auf die Entnahme und die Untersuchung von Einzelproben nicht immer Verzicht leisten dürfen.

Dass man bei der Beurteilung von Kläranlagen die Proben so zu entnehmen hat, dass sie miteinander korrespondieren, dass man mit Hilfe geeigneter Vorrichtungen (z. B. mittels korrespondierender Ueberfälle, Schöpfräder u. dergl.) die Probeentnahme gewissermassen automatisch gestalten kann, sind bekannte Dinge, auf die hier deshalb nur kurz verwiesen werden soll. Erwähnt sei nur, dass wir auf den Kläranlagen, die von uns selbst kontrolliert werden, meistens gut gereinigte Petroleumtonnen aufstellen lassen, in die alle 5, 10 oder 15 Minuten die nicht zu klein bemessene Einzelprobe hineingeschöpft wird. Nach gehöriger Durchmischung entnehmen wir dann die für die Untersuchung bestimmte Durchschnittsprobe.

Zwecks richtiger Erlangung korrespondierender Proben geht man in der Praxis meistens derartig vor, dass man die Aufhaltezeit des Abwassers z. B. in einem Becken, Fischteich oder biologischen Körper rechnerisch ermittelt und entsprechend später mit der Probeentnahme des behandelten Abwassers dann beginnt. Ob die errechnete Aufenthaltszeit dem tatsächlichen Aufenthalte des Abwassers in der betreffenden Kläreinrichtung entspricht, zeigt hierbei die vergleichende Betrachtung der Chlorgehalte, die in der Rohwassermischprobe und in der aus dem abfliessenden Wasser erlangten Durchschnittsprobe praktisch gleich zu sein haben, da ja das gebundene Chlor weder in mechanischen noch durch biologische Anlagen praktisch irgendwie beeinflusst werden kann.

Bei Verwendung chemischer Zuschläge ist der Chlorgehalt dieser Stoffe natürlich hierbei mit zu berücksichtigen. Bei Rieselfeldern und bei Fischteichen ist zu beachten, dass die Chlorgehalte des Abwassers durch Verdünnung mit chlorarmem Reinwasser gelegentlich oft weitgehend herabgemindert werden. Zu Absitzanlagen hinzutretende Reinwassermengen bedürfen naturgemäss ebenfalls entsprechender Berücksichtigung.

Um die errechnete Aufenthaltszeit eines Abwassers wissenschaftlich zu kontrollieren, können dem Rohwasser charakteristische, also leicht nachweisbare und durch die geprüfte Kläranlage praktisch unbeeinflusste Stoffe beigegeben werden. Hierzu finden teils in Wasser lösliche Verbindungen, wie Fluorescin, teils unlösliche Verbindungen, wie z. B. Ton, Ultramarin oder farbstoffproduzierende Bakterien[1]), praktische Verwendung. Bei chlorarmem gewerblichen Abwasser können auch Chloride (Kochsalz) den Rohwässern beigegeben werden. Für Absitzanlagen, Faulanlagen und Fischteichanlagen eignen sich besonders wasserunlösliche Verbindungen, da lästige, auf Diffusionserscheinungen beruhende Einflüsse bei Verwendung derartiger Zuschläge natürlich nicht in Frage kommen. Für biologische Körper und für Rieselanlagen[2]) sind dagegen wieder Fluorescin und Chloride geeigneter; durch die genannten Kläreinrichtungen gehen nämlich diese Stoffe glatt hindurch, während die ungelösten Stoffe mehr oder weniger weitgehend in dem Substrate zurückgehalten werden.

Wenn man übrigens den erreichten Reinigungserfolg in Prozenten angeben will, so ist die Gewinnung richtiger korrespondierender Proben hierfür die unerlässliche Voraussetzung; aus Stichproben sollten prozentuale Reinigungseffekte niemals herausgerechnet werden. Stich-

1) Bei Verwendung von Bakterienkulturen ist, insbesondere wenn man quantitativ arbeiten will, zu beachten, dass bei ihrem Einbringen in das Wasser infolge der veränderten Kulturbedingungen, der oft tiefen Temperaturgrade usw., ein weitgehendes Absterben der Keime eintreten kann.

2) In sauren Böden ist Fluorescin, da es hier ausgeschieden wird, ungeeignet; in solchen Fällen kann nur die Verwendung von Kochsalz in Frage kommen.

proben, also für sich entnommene und untersuchte Einzelproben geben dagegen wieder ein besseres Bild von der Klärwirkung einer Anlage, sofern man als Massstab für das Erreichte bestimmte Grenzwerte gelten lässt. Wie später noch gezeigt werden wird, können wir Grenzwerte, die für ganze Flussläufe oder für ganze Länder aufgestellt, ein Unding sind, für den einzelnen Fall nicht gut entbehren. Bei Beurteilung des Klärerfolges einer Anlage kann also teils die Entnahme korrespondierender Proben, teils diejenige von Stichproben im Einzelfalle in Frage kommen; bei der Betriebskontrolle stellt aber die Entnahme von Mischproben die Regel, die Entnahme von Einzelproben dagegen im allgemeinen die Ausnahme dar.

Gerade umgekehrt liegen die Verhältnisse bei der jetzt zu besprechenden Vorflutkontrolle. Die Entnahme von Einzelproben stellt hier nämlich in gewissem Sinne die Regel, diejenige von Mischproben dagegen die Ausnahme dar. Bei der meist ungleichmässigen Verteilung des Abwassers in der Vorflut kommt es ja im allgemeinen nicht auf die Feststellung der durchschnittlichen, sondern in erster Linie auf die Ermittelung des Höchstwertes der Schädigung an. Diesen Wert können uns aus dem angegebenen Grunde aber nur Einzelproben geben; nur wenn das eingeleitete Abwasser mit dem Flusswasser vollkommen gemischt ist, kann an die Entnahme von Mischproben gedacht werden. Die Entnahme von Einzelproben und ihre getrennte Untersuchung ziehe ich aber auch in diesem Falle der Vereinigung der Einzelproben zu einer Mischprobe trotzdem hier meistens vor.

Bei kleinen Vorflutern ist der Zug des Abwassers schon an seiner Farbe oder an dem biologischen Uferbesatz deutlich zu erkennen; am Rhein und an anderen grossen Vorflutern zeigen uns oft schon die auf den Wasserspiegel niederschiessenden Möven, wo ungereinigtes, mit groben Bestandteilen beladenes Abwasser sich dahinbewegt. Nicht selten kann es aber auch vorkommen, dass der Verbleib des in der Vorflut scheinbar spurlos verschwindenden Abwassers einmal genau zu ermitteln ist. Zusatz von Farbstoffen und zwar von Fluorescin[1]) oder von Braunkohlenpulver[2]) zu dem Abwasser vor seiner Ableitung, ferner die Prüfung des Wassers mittels des Interferometers,

---

1) Bei Einleitung von Abwasser in stagnierende Vorfluter bedarf bei Verwendung von Fluorescin das Auftreten von Diffusionserscheinungen entsprechender Berücksichtigung.

2) Versuche Engels-Dresden. Vergl. Thumm, Städtereinigung 1911. Int. Hyg.-Ausst. Dresden. S. 17.

die Ermittelung der Leitfähigkeit oder des Keimgehaltes zahlreicher, an verschiedenen Stellen und in verschiedenen Tiefen entnommenen Flusswasserproben, endlich auch die Ermittelung der absiebbaren Schwebestoffe — des Sestons — müssen dann Klarheit schaffen. Derartige, gegebenenfalls mit Schwimmerversuchen kontrollierte Ermittelungen zeigen u. a. dann auch an, an welchen Stellen in einem Vorfluter die für die Abwasseruntersuchung entnommenen Einzelproben, z. B. für den Sauerstoffgehalt eines Wassers, am besten geschöpft werden.

Notwendig ist es, dass bereits vor Errichtung der Abwasserreinigungsanlage die ersten Vorflutkontrollen zur Durchführung gebracht werden. Derartige Feststellungen sind des Vergleiches halber sehr wertvoll. Aus dem gleichen Grunde kann vor Errichtung von Rieselanlagen die planmässige Untersuchung des Grundwassers und zwar sowohl desjenigen auf den Rieselfeldern selbst, wie desjenigen benachbarter Brunnenanlagen empfohlen werden. Viele nach Errichtung von Kläranlagen sich zeigende Schwierigkeiten könnten dann in wesentlich einfacherer Weise als bisher ihre Erledigung finden.

Die einer sachgemässen Probeentnahme dienenden Apparate sind ausserordentlich zahlreich und verschiedenartig; nicht allein für die chemische, sondern auch für die bakteriologische und biologische Untersuchung müssen ja einwandsfreie Proben entnommen werden. Da die einschlägige Literatur hierüber genugsam Aufschluss gibt, und die Zusammenstellungen von Klut[1]), Kolkwitz[2]) und Spitta[3]) erschöpfende Beschreibungen bieten, soll hierauf nicht weiter eingegangen werden.

Apparate, die die Wasser- und Abwasserbeschaffenheit fortlaufend registrieren, sind gleichfalls schon vorhanden und haben bereits mehrfach praktische Verwendung gefunden. Der von Pleissner[4]) konstruierte Apparat dient zur Bestimmung der elektrischen Leitfähigkeit eines Wassers, erlaubt also den Gehalt eines Wassers an anorganischen Salzen fortlaufend zu kontrollieren, und der Preschlinsche Apparat[5]) registriert in regelmässigen, dem Einzelfall angepassten

---

1) Klut, Untersuchung des Wassers an Ort und Stelle. 2. Aufl. Berlin 1911, Springer.

2) Kolkwitz, R., Pflanzenphysiologie. Jena 1914, Gustav Fischer.

3) Ohlmüller und Spitta, s. Fussnote 1 auf S. 4.

4) Arbeiten aus dem Kaiserl. Gesundheitsamte. Bd. 30. S. 361.

5) Weldert, R., Der Preschlinsche Apparat zur fortlaufenden Feststellung der Reaktion eines Wassers oder Abwassers. Mitt. d. Kgl. Landesanstalt f. Wasserhygiene. H. 17. S. 30.

Abstände die Reaktion eines Wassers. Die Apparate-Bauanstalt in Düsseldorf[1]) konstruiert endlich selbstregistrierende Apparate, die für diejenigen Anwendungszwecke brauchbar sein sollen, wo direkt oder indirekt aus einer Flüssigkeit Gas entwickelt wird. Der Ammoniakgehalt eines Wassers, sein Kaliumpermanganatverbrauch, der Gehalt eines Wassers an schwefliger Säure soll z. B. damit fortlaufend selbsttätig registriert werden.

Die an Ort und Stelle auszuführenden Vorprüfungen beschränkt man am besten auf das Allernotwendigste. Für den Sachverständigen ist es wichtiger, möglichst viel zu sehen, als viel zu analysieren. Bei der Probeentnahme wird er die Wassermengen, soweit dieses möglich ist, feststellen und sich an der Hand des Betriebsbuches über die Einzelheiten des Betriebes eingehend informieren. Nur das Aussehen der Probe, ihr Geruch, ihre Reaktion und ihre Temperatur wären im allgemeinen an Ort und Stelle zu ermitteln. Auf Schwefelwasserstoff, freies Chlor und schweflige Säure wäre qualitativ zu prüfen, und die Probe für die Winklersche Sauerstoffbestimmung und eventuell die Methylenblauprobe wären anzusetzen. Auf das Vorhandensein von Nitriten und Nitraten wäre ebenfalls an Ort und Stelle sorgfältig zu prüfen. Durch Zusatz von Nitraten kann man ja künstlich fäulnisunfähige Abwässer schaffen (s. S. 29). Da aber in derartigen, gewissermassen analysenfest gemachten Abwässern im Gegensatz zu gut gereinigten fäulnisunfähigen Abwässern der Nitratgehalt der Probe rasch abnimmt, so können durch eine im Laboratorium ausgeführte, nochmalige Nitratbestimmung derartige Manipulationen, mit denen aber mit dem Fortschreiten der Wissenschaft gerechnet werden muss, unschwer aufgedeckt werden.

In der Vorflut, gegebenenfalls auch auf der Kläranlage selbst, wäre die Durchsichtigkeit der Wässer mit der Seechischen Scheibe zu ermitteln; die Lufttemperatur und die Temperatur der entnommenen Proben wäre festzustellen. Bakteriologische Proben wären natürlich ebenfalls sofort nach der Entnahme zu verarbeiten. Bezüglich weiterer Punkte, so z. B. bezüglich der Konservierung von Proben sei auf das an anderer Stelle schon Gesagte kurz verwiesen.

Sollte auf einer Kläranlage ein Betriebsbuch[2]) nicht geführt

---

1) Hydro-Apparate-Bauanstalt (J. von Geldern u. Co.) Düsseldorf.

2) Der mit der Beaufsichtigung der Kläranlage betraute Beamte berichtet am besten in täglichen Rapporten an seinen vorgesetzten Baurat usw., der dann im Betriebsbuch die Meldungen übersichtlich zusammenstellen lässt.

werden, sollten Messeinrichtungen, um die anfallende Abwassermenge zu ermitteln oder um den Wasserstand im Vorfluter festzustellen, fehlen, sollten die einzelnen Abteilungen der Kläranlage buchstäblich oder durch Zahlen nicht deutlich kenntlich gemacht sein, so wäre es die Aufgabe des die Anlage kontrollierenden Sachverständigen, nach und nach hier Wandel zu schaffen. Bei der Kontrolle von Abwasseranlagen wäre auch den dem Wohle der Bedienungsmannschaften dienenden Einrichtungen — der Wasserversorgung, den Waschgelegenheiten und dergleichen — Beachtung zu schenken. Dauerndes Arbeiten mit Abwasser lässt bekanntlich leicht vergessen, dass grosse Infektionsgefahren damit verbunden sind; dass die notwendigen Gegenmittel stets in gutem Zustand vorhanden sind, kann deshalb nicht sorgfältig und oft genug kontrolliert werden.

IV. Die Kontrolle von Abwasserreinigungsanlagen im besonderen.

Wie des öfteren bereits erwähnt worden ist, ist bei der Kontrolle von Abwasseranlagen zwischen Betriebskontrolle und Vorflutkontrolle zu unterscheiden. Die Betriebskontrolle hat dabei die Aufgabe, festzustellen, ob die vorhandene Kläreinrichtung das leistet, was man von ihr nach ihrer Konstruktion, nach ihrer Belastung und nach ihrem Betriebe erwarten kann; sie hat also u. a. z. B. zu ermitteln, ob eine Absiebanlage alle Schwebestoffe, die über 3 mm liegen, aus einem Abwasser herausfischt, ob eine Frischwasserkläranlage ihr Abwasser an die Vorflut ebenso frisch abgibt, wie sie dasselbe erhalten hat, oder ob ein biologisches Verfahren fäulnisunfähige Abflüsse liefert. Da die Betriebskontrolle also zeigen soll, ob eine Anlage richtig arbeitet, so bezeichnet man sie gelegentlich direkt auch als „Arbeitskontrolle“[1]).

Der Vorflutkontrolle kommt dagegen eine andere Aufgabe zu; für sie ist es zunächst ganz gegenstandslos, ob eine Anlage normal oder anormal arbeitet; ihre Aufgabe ist es vielmehr zu prüfen, ob durch die Ableitung von Kläranlagenabflüssen, so wie diese eben anfallen, sich eine Schädigung in der Vorflut bemerkbar macht oder nicht. Die Vorflutkontrolle soll also ermitteln, ob die durch die Kläranlage erreichte Wirkung zur Reinhaltung der Vorflut ausreichend erscheint; diese Kontrollart hat man deshalb auch als „Wirkungskontrolle“ bezeichnet[1]).

1) Imhoff, Die Arbeitskontrolle bei mechanischen Kläranlagen. Ges. Ing. 33. Jahrg. 1910. S. 627.

Vorflut- und Betriebskontrolle verfolgen, an sich betrachtet, also ganz verschiedene Aufgaben; im Einzelfalle können sich beide deshalb ganz gut auch einmal widersprechen. So kann z. B. die Betriebskontrolle ergeben, dass eine mechanische Kläranlage vorzüglich arbeitet, während die Vorflutkontrolle eine Schädigung der Vorflut erkennen lässt; oder die Vorflutkontrolle lässt, in einem anderen Fall betrachtet, eine Schädigung zwar nicht erkennen, die Betriebskontrolle zeigt dagegen an, dass z. B. die vorhandene biologische Anlage nicht gut arbeitet und keine normalen Abflüsse geliefert hat.

Die Unterschiede in den beiden Kontrollarten ergeben, im Zusammenhange betrachtet, trotzdem aber ein einheitliches Bild. Sie zeigen nämlich in eindeutiger Weise, dass in den genannten beiden Fällen nicht das richtige Abwasserreinigungsverfahren zur Reinhaltung der Vorflut Verwendung gefunden hat. In dem ersten Falle hätte nämlich nicht nur ein mechanisches, sondern noch ein biologisches Verfahren Verwendung finden müssen; in dem zweiten Falle war es unnötig gewesen, eine biologische Anlage zu errichten. Zur Reinhaltung der Vorflut hätte hier eine mechanische Anlage vollständig ausgereicht. Die beiden Beispiele zeigen aber noch weiter, dass nur dann ein klares Bild über die Gesamtlage gewonnen werden kann, wenn beide Methoden und nicht nur eine Methode im Einzelfalle praktische Verwendung finden.

Die richtig durchgeführte Betriebskontrolle lässt, kurz zusammengefasst, also erkennen, ob eine Anlage „gut“ oder „normal“, „anormal“ oder „schlecht“ arbeitet; ob eine Anlage im Einzelfall zur Reinhaltung der Vorflut genügt, ob sie also „Genügendes“ oder „Ungenügendes“ leistet, zeigt uns dagegen die Vorflutkontrolle.

Die Vorflutkontrolle ist ausschliesslich Sache des wissenschaftlich geschulten Fachmannes; die Betriebskontrolle ist teils eine betriebstechnisehe, teils eine wissenschaftliche Aufgabe. Die betriebstechnische Kontrolle ist von dem auf der Anlage stationierten Betriebsbeamten tagtäglich auszuführen; über die Leistungen der Kläranlage soll sie ihn dauernd auf dem Laufenden erhalten und ihm zeigen, wenn Unregelmässigkeiten im Betriebe auftreten, die besondere Betriebsmassnahmen notwendig erscheinen lassen. Die wissenschaftliche, ein oder mehrmals im Jahre ausgeführte Betriebskontrolle hat an erster Stelle den feineren Betriebsvorgängen nachzugehen; sie soll für die betriebstechnischen Massnahmen die Grundlagen schaffen, für diese also eine wertvolle Ergänzung darstellen.

Bei der nachherigen Besprechung der bei den einzelnen Abwasserreinigungsverfahren in Frage kommenden Betriebskontrollarten soll aus praktischen Gründen die betriebstechnische und die wissenschaftliche Kontrolle eine gesonderte Behandlung finden. Daran wird sich die Besprechung der Vorflutkontrolle, die im übrigen für die verschiedenen Reinigungsverfahren im grossen und ganzen praktisch die gleiche ist, anschliessen. Vorweg seien aber die Eigenschaften von frischem und von schalem Abwasser im Zusammenhange hier noch mitgeteilt.

Frisches städtisches oder häusliches normales Abwasser (vgl. Tabelle II) ist stark getrübt, besitzt eine gelbliche bis graugelbliche Farbe, riecht fäkalisch, jauchig oder urinös, zeigt reichlichen graugelben Bodensatz, und seine Durchsichtigkeit liegt meistens unter 1 cm. Das Wasser reagiert teils alkalisch, teils — infolge seines Kohlensäuregehaltes — amphoter. Es ist frei von Sauerstoff[1]), von Nitraten und von Schwefelwasserstoff und besitzt stark reduzierende Eigenschaften: Zu dem Wasser zugesetzte Nitrate verschwinden; in mit Luft gesättigtem Abwasser ist Sauerstoff nur kurze Zeit nachher noch nachweisbar; reichert man ein Abwasser mit Sauerstoff an und setzt gleichzeitig Nitrate zu, so verschwinden zuerst der Sauerstoff und nachher die Nitrate; dann erst fault das Wasser unter Bildung von Schwefelwasserstoff. Frisches Wasser reduziert in wenigen Stunden Farbstoffe (Methylenblau) und geht, bei nicht zu niedrigen Temperaturen aufbewahrt, zuerst in schales und dann in fauliges Abwasser über (vgl. hierzu Tabelle III). Die alkalische Reaktion nimmt dabei im allgemeinen zu.

Der Gehalt des Abwassers an fäulnisfähigen gelösten und pseudogelösten Stoffen bedingt in Verbindung mit seinen ungelösten Stoffen seine Schädlichkeit. Das Vorhandensein fäulnisfähiger Stoffe wird durch die Fäulnisprobe ermittelt; die analytischen Werte (die Werte für den Abdampfrückstand, den Stickstoffgehalt, den Kaliumpermanganatverbrauch usw.) zeigen an, wie konzentriert ein Wasser ist. Frisches Abwasser enthält endlich meistens ebensoviel oder noch mehr organischen Stickstoff als Ammoniakstickstoff (s. auch Tabelle XIII).

Schales normales Abwasser besitzt, praktisch gesprochen, die gleichen Eigenschaften wie frisches Abwasser. Unterschiede[1]) be-

---

1) Nach amerikanischen und auch nach manchen deutschen Mitteilungen soll frisches Abwasser sauerstoffhaltig, schales Wasser dagegen sauerstofffrei sein. Die normalen Abwässer, die ich kenne, waren stets sauerstofffrei.

Tabelle III. **Veränderungen[1]) eines (künstlich hergestellten)**

Beschaffenheit des Abwassers (aus 1 g breiigem Kot, 12 g Urin und 1 Liter destilliertem Wasser hergestellt)	Aeussere Beschaffenheit					Methylenblauprobe (nach 6 Stunden)	Reaktion
	Klarheit	Durchsichtigkeit	Farbe	Geruch	Ungelöstes (Menge, Farbe usw.)		
am 1. Tage	trübe	—	gelb	urinös	mässig, gelb, feinflockig	vollständig entfärbt	alkalisch
nach 6tägiger Bebrütung	do.	—	do.	do.	do.	do.	do.
nach 18tägiger Bebrütung	do.	—	do.	do.	do.	do.	do.

Tabelle IV. **Beispiele über die Zusammensetzung ver-**

Bezeichnung	Aeussere Beschaffenheit					Fäulnisprobe	Methylenblauprobe (6 Stunden)	Reaktion
	Klarheit	Durchsichtigkeit in cm	Farbe	Geruch	Ungelöstes (Menge, Farbe usw.)			
Konzentriertes schal. Abwasser (aus einer Mittelstadt)	sehr stark trübe	unter 0,5	gelblich-grau	jauchig, sehr faulig	reichlich, graugelb	positiv	—	alkalisch
Schales Abwasser von etwa mittlerer Konzentration (aus einer Grossstadt)	stark trübe	unter 0,5	grau-gelblich	sehr schwach faulig	mässig, grau	do.	—	do.
Dünnes schales Abwasser (aus einer Grossstadt	trübe	unter 0,5	grau	do.	wenig, grau	do.	—	do.

stehen eigentlich nur in dem Verhältnis zwischen dem organischen Stickstoff und dem Ammoniakstickstoff. Durch teilweisen Uebergang des organischen Stickstoffs in Ammoniak ist der erstere vermindert, der letztere dagegen erhöht worden (vgl. Tabelle IV). Die Werte für Gesamtstickstoff liegen bei schalem Wasser meistens ebenfalls niedriger, als bei frischem Abwasser; die die schale Beschaffenheit eines Ab-

1) Analytiker: Dr. W. Marzahn (Chem. Abt. d. Kgl. Landesanst. f. Wasserhygiene).

frischen Abwassers innerhalb 10 Tagen bei der Bebrütung[1]**).**

In 1 Liter des unfiltrierten Wassers sind enthalten mg				In 1 Liter des filtrierten Wassers sind enthalten mg						
Ungelöstes		Schwefelwasserstoff (H_2S)	Gasförmiger Sauerstoff	Chlor (Cl)	Gesamt-	Nitrat-	Nitrit-	Ammoniak-	organischer	werden verbraucht mg Kaliumpermanganat ($KMnO_4$)
Gesamt	Glühverlust				Stickstoff					
127	118	nicht nachweisbar	nicht nachweisbar	94	—	nicht nachweisbar	nicht nachweisbar	69	103	427
123	96	do.	do.	88	—	do.	do.	66	63	281
124	104	do.[2])	do.	92	—	do.	do.	114	19	218

schiedener „schaler" (unbehandelter) Abwässer (Rohwässer).

In 1 Liter des unfiltrierten Wassers sind enthalten mg				In 1 Liter des filtrierten Wassers sind enthalten mg								
Ungelöstes		Schwefelwasserstoff (H_2S)	Gasförmiger Sauerstoff	Abdampfrückstand		Chlor (Cl)	Gesamt-	Nitrat-	Nitrit-	Ammoniak-	organischer	werden verbraucht mg Kaliumpermanganat ($KMnO_4$)
Gesamt	Glühverlust			Gesamt	Glühverlust		Stickstoff					
461	274	nicht nachweisbar	nicht nachweisbar	1839	531	281	204	nicht nachweisbar	nicht nachweisbar	133	71	414
—	—	do.	do.	—	—	212	84	do.	do.	73	11	265
210	147	do.	do.	—	—	81	54	do.	do.	36	18	186

wassers bedingenden Reduktionsvorgänge haben auch ein teilweises Verschwinden des Gesamtstickstoffs zur Folge gehabt.

Bezüglich der verschiedenen Konzentrationsverhältnisse von frischem und schalem Abwasser sei auf die früher (auf Seite 10) gebrachte

1) Proben in geschlossener, etwa zu $^3/_4$ gefüllter Flasche unter Lichtabschluss bei 22° C aufbewahrt.

2) Auf die Ursache des Nichtauftretens von H_2S und des verhältnismässig langsamen Abbaues der N-Verbindungen wird an anderer Stelle eingegangen werden.

Tabelle I verwiesen; bezüglich der Eigenschaften eines fauligen und eines fäulnisunfähigen Abwassers vgl. die bei der Kontrolle von Faulanlagen und von biologischen Anlagen gemachten Ausführungen (ferner die Tabellen VII u. VIII auf den Seiten 44 u. 45 bzw. 58 u. 59).

1. Die Betriebskontrolle von Rechenanlagen.

Rechenanlagen[1]) (Abfisch- oder Absiebanlagen) finden in der Abwasserpraxis teils als selbständige Verfahren, teils in Verbindung mit Absitzanlagen Verwendung. Sofern Rechenanlagen als Abwasserreinigungsverfahren allein in Frage kommen, dienen sie der Abfangung der groben, sperrigen Abwasserbestandteile; sie sollen diese aus dem Abwasser herausfangen, ohne sie gleichzeitig zu zertrümmern. Vor Absitzanlagen angeordnet, dienen sie der Zurückhaltung der sperrigen Stoffe, die den späteren Klärvorgang hindern könnten. Nach der Maschen-, Stab- oder Lochweite der Rechenanlagen unterscheidet man Grob- und Feinreiniger. Grobreiniger bewirken eine Absiebung der Schmutzstoffe auf etwa 10 mm herab, die Feinreiniger wollen die geformten Stoffe bis auf 3, 2 oder 1 mm herab aus einem Abwasser herausfischen.

Von charakteristischen Durchbildungsarten und zwar selbstständigen Siebanlagen, von denen hier allein die Rede sein soll, sind zu nennen: die Separatorscheibe von Riensch und Wurl, das Geigersche Siebschaufelrad, die Windschildsche Siebtrommel und der Hamburger Bandrechen.

Die Leistung einer Absiebanlage hängt — abgesehen von der jeweiligen Maschenweite der Rechenanlagen — an erster Stelle von dem Zustand ab, in dem die festen Abwasserbestandteile auf der Reinigungsanlage ankommen. Treffen diese Stoffe hier unzertrümmert

---

1) An deutschen Veröffentlichungen kleineren und grösseren Umfangs, auf die im einzelnen verwiesen sei, sind zu nennen: Dunbar, Leitfaden für die Abwasserreinigungsfrage. 2. Aufl. München und Berlin. R. Oldenbourg. 1912. — Frühling, A., Die Entwässerung der Städte. Handb. der Ing.-Wissenschaften. 4. Band. Leipzig. 1910. W. Engelmann. — Metzger, H., Städteentwässerung und Abwässerbeseitigung. Berlin 1907. C. Heymann. — Schmidtmann, Thumm, Reichle, Beseitigung der Abwässer und ihres Schlammes. Aus dem Handbuch der Hygiene von M. Rubner, M. v. Gruber und M. Ficker. Leipzig 1911. S. Hirzel. — Thumm, K., Ueber Anstalts- und Hauskläranlagen. Berlin 1913. A. Hirschwald. — Tillmans, J., Wasserreinigung und Abwasserbeseitigung. Halle a. S. 1912. W. Knapp. — Zahn, C., Die Reinigung städtischer Abwässer. Weyl, Handbuch d. Hygiene. 2. Aufl. Leipzig 1914. A. Barth.

ein, so ist der Erfolg der Anlage ein verhältnismässig weitgehender; sind diese Stoffe dagegen zu einem grossen Teil bereits zertrümmert, so werden natürlich bedeutend weniger Stoffe durch eine Abfischanlage herausgefangen. Die Menge der durch Feinreiniger aus einem Abwasser im grossen Durchschnitt entfernten Stoffe beträgt etwa 10 pCt. der Gesamtmenge eines Abwassers an Schwebestoffen (vgl. Tabelle V); für 100000 Einwohner schwankt die erhaltene Menge täglich zwischen etwa 1 und 2 cbm. Der Wassergehalt der abgefangenen Stoffe beträgt rund 70 pCt. Für 100 000 Einwohner werden also täglich 300—600 kg wasserfreie Stoffe erhalten.

Tabelle V. **Uebersicht über die Leistung der mechanischen Reinigungsverfahren.**

Bei	Ausscheidung der ungelösten Stoffe in pCt.	Wassergehalt der ausgeschiedenen Stoffe in pCt.	Bei Abwässern mit 300 (bei dünnen Abwässern) mg/l ungelöster Stoffe: Menge der ausgeschiedenen ungelöst. Stoffe in mg/l	Schlammmenge l pro 1 cbm	Bei Abwässern mit 600 (bei Abwässern von mittlerer Konzentration) mg/l ungelöster Stoffe: Menge der ausgeschiedenen ungelöst. Stoffe in mg/l	Schlammmenge l pro 1 cbm
Rechenanlagen . .	10	70	30	0,1	60	0,2
Sandfanganlagen .	12	35	36	0,055	72	0,11
Absitzanlagen ohne Verwendg. chem. Zuschläge	60—70	90	180—210	1,8—2,1	360—420	3,6—4,2
Mechanisch nicht abscheidbar sind also	8—18 pCt. ungelöste Stoffe	—	24—54 mg/l ungelöste Stoffe	—	48—108 mg/l ungelöste Stoffe	—

Typische Rechenanlagenabflüsse sind frei von Stoffen, die ein grösseres Volumen haben, als die Durchtrittsöffnungen der Siebanlage. Bei vielen Rechensystemen liegt also die Volumengrösse der ungelösten Abwasserbestandteile unter 3 mm, ein Wert, der für zahlreiche Reinigungsanlagen gewissermassen also einen Grenzwert darstellt.

Rechenabflüsse sind im übrigen ebenso frisch, schal oder faulig wie das Rohwasser selbst und enthalten natürlich ebenso viele gelöste Abwasserbestandteile. Der Gehalt der Rechenabflüsse an feineren, noch sedimentierfähigen Stoffen ist noch ein grosser; allgemein gültige Werte lassen sich hier aber leider noch nicht aufstellen.

Die in Absiebanlagen erhaltenen abgefangenen Stoffe nehmen ab, die in den Abflüssen enthaltenen ungelösten Stoffe erfahren eine Zunahme, wenn die Rechenanlage überlastet, schlecht konstruiert oder unsachgemäss instandgehalten wird; überlastete Anlagen zeigen vor der Rechenanlage einen grösseren Abwasseraufstau als normal belastete Anlagen.

Die auf der Anlage täglich auszuführende betriebstechnische Kontrolle hat sich zu erstrecken:

a) auf eine fortlaufende Messung der ankommenden Abwassermengen und auf die Beobachtung des Abwasseraufstaues vor der Rechenanlage;
b) auf eine fortlaufende Messung und Wägung des abgefangenen Rechengutes;
c) auf das ev. Vorhandensein von Schlammablagerungen im Zu- und im Ablaufgerinne und
d) auf eine ein- oder mehrmal am Tage, an einer Durchschnittsprobe ausgeführten Bestimmung der in dem behandelten Abwasser noch vorhandenen ungelösten Abwasserbestandteile mit Hilfe der Absieb- oder Absetzmethode.

Zur Beurteilung des Klärerfolges der Anlage dienen Punkt a und b; über den im Abwasser noch verbleibenden Schlammgehalt, der gegebenenfalls durch eine Absitzanlage noch hätte entfernt werden können, gibt Punkt d Aufschluss.

Bei der wissenschaftlichen Betriebskontrolle ist zunächst vorauszuschicken, dass der Entnahme von Mischproben vor einer Rechenanlage zwecks Ermittelung der Gesamtmenge an ungelösten Stoffen eine besondere Bedeutung im allgemeinen nicht zukommt, da wirklich richtige Proben bei Abwässern, die grobe Stoffe enthalten, in der Praxis erfahrungsgemäss nicht entnommen werden können.

Die wissenschaftliche Betriebskontrolle hat sich im übrigen auf dieselben Ermittelungen zu erstrecken, wie die betriebstechnische Kontrolle. In dem erhaltenen Rechengut und in den bei der Absieb- oder Absetzmethode gewonnenen absetzbaren Schwebestoffen sind aber weiter zu ermitteln:

a) der Fettgehalt (nur beim Rechengut) und der Wassergehalt dieser Stoffe; ferner ist festzustellen:
b) die Konzentration und der Grad der Zersetzung der Rechenabflüsse;
c) ob in den Rechenabflüssen feste Bestandteile enthalten sind, die ein grösseres Volumen besitzen, als die Durchtrittsöffnungen der Rechenanlage;

d) ob feste Stoffe durch die Rechenanlage zertrümmert werden.
Die Siebflächen und ihre Rückseiten sind
e) auf genügende Reinhaltung durch die Abstreichvorrichtungen, ev. unter Abspritzen mit reinem Wasser zu prüfen;
f) die Behandlung und der Verbleib des Rechengutes ist zu kontrollieren; dabei ist sein landwirtschaftlicher Wert gegebenenfalls zu ermitteln.

Die Korngrössebestimmung der ungelösten Stoffe (Punkt c) kann nach Art der Montischen Versuche[1]) durch Siebe von verschiedener Maschenweite vorgenommen werden.

Ob feste Stoffe zertrümmert werden oder nicht (Punkt d), hat durch Feststellung der Gesamtmenge der ungelösten Abwasserbestandteile hinter der Rechenanlage und der Menge der ungelösten Abwasserbestandteile, die ein kleineres Volumen als die Durchtrittsöffnungen der Siebfläche haben, vor der Rechenanlage zu geschehen. Die für das behandelte Wasser ermittelten Werte dürfen dabei nicht höhere sein, als diejenigen für das unbehandelte Abwasser. Bei gut wirkenden Anlagen liegen sie meistens niedriger. In beiden Abwasserarten ist die Menge der erhaltenen Stoffe gewichtsanalytisch zu ermitteln.

Die Ermittelung der Konzentration und der Fäulnisfähigkeit von Rechenabflüssen (Punkt b) hat in der üblichen Weise zu geschehen; in den meisten Fällen dürfte hier die Vornahme einer einfachen Abwasseruntersuchung (vergl. S. 17) genügen.

2. Die Betriebskontrolle von Absitzanlagen.

Die Absitzanlagen bezwecken eine tunlichst weitgehende Abscheidung der Gesamtmenge der in einem Abwasser enthaltenen ungelösten Stoffe, und zwar sowohl der spezifisch schweren, mehr oder weniger fäulnisunfähigen, wie auch der leichteren und leichtesten, meistens stark fäulnisfähigen Abwasserbestandteile bei gleichzeitiger Frischerhaltung des Abwassers. Die Geschwindigkeit und die Dauer des Aufenthaltes des Abwassers in den Absitzanlagen bestimmen die Menge der abgeschiedenen ungelösten Stoffe; die Frischerhaltung des Wassers geschieht durch die fortdauernde Entfernung der abgesetzten Schlammstoffe, die entweder selbsttätig, also sofort, oder durch Handbetrieb und dann meistens einmal am Tage, (bei den sogenannten Frischwasseranlagen), oder auch erst nach etwa 8 Tagen und dann

1) Archiv für Hygiene. 1903. Bd. 45. S. 121.

stets mit Handbetrieb (bei den Absitzanlagen älteren Systems) geschehen kann.

Die in der Praxis benutzten charakteristischen Durchbildungsarten sind teils Becken-, teils Brunnen-, teils Turmkonstruktionen, die bei entsprechender Abmessung sowohl die schweren wie die leichten Schlammstoffe abzuscheiden vermögen; die bei Mischkanalisationen vorhandenen Sandfänge besitzen meistens Beckenform; ihre, durch die richtige Wassergeschwindigkeit (20—30 cm pro Sekunde) bedingte Breite und Tiefe soll eine derartige sein, dass in ihnen im grossen und ganzen nur Sand zur Abscheidung kommt.

Bekannte Absitzsysteme sind:

a) mit selbsttätiger Schlammabscheidung: das System Imhoff (der Emscherbrunnen), das System Travis, das System Kremer-Imhoff (der Kremer-Faulbrunnen), der Stiag-Brunnen und der Klärkessel von Merten;

b) mit täglicher Abscheidung durch einen verhältnismässig einfachen Bedienungsvorgang: das Kremer-Verfahren mit Abstreichvorrichtung, das Verfahren von Fiedler, die Verfahren von Schönfelder und von Grimm, der Kuschsche Schlammzylinder, das Neustadter Becken, der Klärbrunnen nach Mondrion, das Bunzelsche Verfahren und der Rothe-Röckner-Turm.

c) Bekannte ältere Konstruktionen sind: der Dortmundbrunnen, die Mairichschen Brunnen- und Beckenkonstruktionen, das Cölner, das Frankfurter, das Casseler und das Hannoversche Absitzbecken.

Von Höpfner und Paulmann[1]), von Bock und Schwarz[2]), von Steuernagel[3]) und von Uhlfelder und Tillmans[4]) stammen wertvolle Mitteilungen über die Wirkung von Absitzanlagen.

Die Leistung einer Absitzanlage in bezug auf die Ausscheidung der ungelösten Stoffe ist im wesentlichen der Ausdruck der Durchflusszeit des Abwassers durch die Anlage; bei Sandfanganlagen und z. B. auch bei Klärtürmen mit aufwärts gerichteter Wasserbewegung spielt dagegen auch die Wassergeschwindigkeit eine Rolle.

1) Vierteljahrsschr. f. gerichtl. Med. u. öffentl. Sanitätswesen. 1900. Bd. 19. Suppl. S. 130.

2) Ebenda. S. 148 u. 1901. Bd. 21. Suppl. S. 278.

3) Mitteilungen a. d. Königl. Prüfungsanstalt f. Wasservers. 1904. H. 4 u. 5.

4) Ebenda. 1908. H. 10.

Die bei Mischkanalisationen benutzten Sandfanganlagen beseitigen aus einem Abwasser im allgemeinen etwa 12 pCt. der ungelösten Stoffe (vergl. Tabelle V); bei 100 000 Einwohnern werden täglich 1—1 1/4 cbm derartiger Stoffe erhalten. Da deren Wassergehalt durchschnittlich etwa 35 pCt. beträgt, so sind dies 650—810 kg wasserfreie Stoffe pro Tag und für 100 000 Einwohner.

Die durch Absitzanlagen bewirkte Ausscheidung der Schwebestoffe beträgt dagegen — gewichtsanalytisch beurteilt — etwa 60 bis 70 pCt. Hierbei werden bei dünnen Abwässern rund 2, bei Abwässern von etwa mittlerer Konzentration rund 4 Liter Schlamm pro 1 cbm Abwasser ausgeschieden; im Tage also 20—40 cbm Schlamm für 100 000 Einwohner. Unter Annahme eines Wassergehaltes von 90 pCt. wären dies, — auf 1 cbm Abwasser berechnet — 200 bzw. 400 mg feste Stoffe; auf den Tag und für 100 000 Einwohner berechnet also 2000—4000 kg wasserfreie Abwasserbestandteile.

Bei Absitzanlagen schwankt die Menge der (beim Sedimentieren) nicht ausscheidbaren ungelösten Stoffe etwa zwischen 8 und 18 pCt.; die Gesamtmenge an derartigen ungelösten Stoffen beträgt also im Mittel etwa 30 bis 100 mg in 1 Liter Abwasser (s. Tabelle V). Schmutzwässer, die mechanisch vorzüglich gereinigt sind, sollten also, ihrer Konzentration entsprechend, nicht mehr als 30 bis 100 mg/l Gesamtschwebestoffe, die gewichtsanalytisch zu ermitteln wären, enthalten. Derartig weitgehend entschlammte Abwässer können bei Anwendung der Absetzmethode weitere Sedimente natürlich nicht mehr ausscheiden.

Bezüglich des Schlammanfalles bei Abwässern verschiedener Konzentration sei im übrigen auf die Tabelle VI verwiesen; diese Tabelle zeigt auch das Verhältnis zwischen absetzbaren und nicht absetzbaren Schlammstoffen, ferner die Unterschiede zwischen den analytisch ermittelten Werten und den Volumenwerten.

Da die Entnahme einer richtigen Rohwasser-Durchschnittsprobe aus dem früher angegebenen Grunde in der Praxis oft grossen Schwierigkeiten begegnet, erfolgt die Beurteilung der Leistung einer Absitzanlage vielfach richtiger nach den in den Abflüssen enthaltenen absoluten Werten, statt dass man das Rohwasser und das gereinigte Wasser auf seinen Schlammgehalt untersucht und die erreichte Abnahme dann prozentual zum Ausdruck bringt. Die Bestimmung der praktisch nicht ausscheidbaren Schwebestoffe sollte in beiden Fällen aber Berücksichtigung finden, da Trugschlüsse sonst leicht möglich sind, wie der nachstehende typische Fall gleich zeigen mag:

Tabelle VI. **Schematische Darstellung des Schlammgehaltes von Rohwässern und verschiedenen**

	In 1 Liter				
	bei dünnen Abwässern:				
	Ungelöste Stoffe Gesamtmenge	Absetzbare Stoffe			Mechanisch nicht ausscheidbare Stoffe
		Gesamtmenge	Wassergehalt[1])	Trockensubstanz	
	mg	ccm	pCt.	mg	mg
Rohwasser	300	5,4	95	270	30
Absolute Schwebestoffmenge in Absitzanlagenabflüssen bei einem Reinigungserfolg[2]) von 85 pCt.	45	0,15	90	15	30
70 „	90	0,6	90	60	30
50 „	150	1,2	90	120	30

Das einer Absitzanlage zugeleitete Abwasser enthielt rund 100 mg/l Schwebestoffe; in dem Abfluss aus der Anlage fanden sich ebenfalls noch rund 100 mg/l. Das Urteil des „Sachverständigen" lautete: Die Wirkung der Anlage sei schlecht. Bei einer nochmaligen Prüfung enthielt das Rohwasser 110 mg/l Schwebestoffe und das gereinigte Wasser wieder rund 100 mg/l. Die gleichzeitig vorgenommene Ermittelung der praktisch nicht ausscheidbaren Schwebestoffe ergab rund 95 mg/l. Der erreichte Klärerfolg war also nicht schlecht, sondern ein völlig normaler; der Schlammgehalt des abfliessenden Wassers konnte ja, da alle praktisch ausscheidbaren Schwebestoffe bereits vorher schon herausgenommen waren, auf mechanischem Wege nicht weiter mehr vermindert werden.

Auf die gelösten Abwasserbestandteile soll eine Absitzanlage nicht einwirken. Aus einem frischen Abwasser darf also kein schales, aus einem schalen Abwasser kein fauliges werden. Das Verhältnis der Stickstoffverbindungen zueinander soll also das gleiche bleiben, und Schwefelwasserstoff soll nicht auftreten oder gar zunehmen; auch die Alkaleszenz des Wassers soll sich nicht ändern. Von vornherein sauer reagierende Abwässer (z. B. kohlehydrathaltige gewerbliche Abwässer) müssen in Frischwasseranlagen ihre saure Reaktion in gleicher

1) Der Wassergehalt der Schlammstoffe, der naturgemäss verschieden gross sein kann, muss in jedem Einzelfall besonders ermittelt werden.

2) Der Reinigungserfolg ist hier nach der Abnahme der gewichtsanalytisch bestimmten Schwebestoffe berechnet; höher ist die Volumenabnahme, da der Rohwasserschlamm ein weniger dichtes Gefüge hat als der Reinwasserschlamm, der letztere also wasserärmer ist als der erstere.

von mechanisch gereinigten Abwässern bei verschiedenen Konzentrationen und bei Reinigungserfolgen.

des unfiltrierten Wassers sind enthalten									
bei Abwässern mittlerer Konzentration:					bei konzentrierteren Abwässern:				
Ungelöste Stoffe Gesamtmenge	Absetzbare Stoffe			Mechanisch nicht ausscheidbare Stoffe	Ungelöste Stoffe Gesamtmenge	Absetzbare Stoffe			Mechanisch nicht ausscheidbare Stoffe
	Gesamtmenge	Wassergehalt[1])	Trockensubstanz			Gesamtmenge	Wassergehalt[1])	Trockensubstanz	
mg	ccm	pCt.	mg	mg	mg	ccm	pCt.	mg	mg
600	10,8	95	540	60	1000	18,0	95	900	100
90	0,3	90	30	60	150	0,5	90	50	100
180	1,2	90	120	60	300	2,0	90	200	100
300	2,4	90	240	60	500	4,0	90	400	100

Stärke behalten; diese darf beim Absitzbetrieb nicht abnehmen oder in eine alkalische übergehen.

Typische Abflüsse von Absitzanlagen sind mehr oder weniger frei von — auf mechanischem Wege — ausscheidbaren ungelösten Stoffen, deren Menge im allgemeinen nicht mehr als 30—60—100 mg/l Schwebestoffe (etwa 10 pCt. der Gesamtschwebestoffmenge) sein soll; der nach der Absetzmethode ermittelte Schlammgehalt gut gereinigter Absitzanlagenabflüsse soll also etwa 0,3 bis 0,6 bis 1,0 ccm pro 1 Liter Abwasser betragen[2]). Da aber Absitzanlagenabflüsse ausserdem noch 8—18 pCt. praktisch nicht ausscheidbare Schwebestoffe enthalten, so beträgt die gewichtsanalytisch ermittelte Gesamtmenge an ungelösten Stoffen in einem mechanisch gut geklärten Abwasser je nach seiner Konzentration etwa 80—160—250 mg in 1 Liter Schmutzwasser. Der Grad der Zersetzung und die Konzentration ist in typischen Absitzanlagenabflüssen die gleiche wie in dem unbehandelten Abwasser; die Abflüsse können also frisch, schal oder faulig sein.

Eine Zunahme der Schwebestoffe deutet auf eine Ueberlastung der Absitzanlage, Veränderungen im Stickstoffgehalt, das Auftreten oder die Zunahme von Schwefelwasserstoff weisen dagegen auf eine nicht ganz ordnungsgemäss durchgeführte Schlammentfernung aus der Anlage, oder auf eine nachteilige Beeinflussung des Absitzraumes durch den darunter- oder danebengelagerten Schlammzersetzungsraum (s. S. 78) hin. Das gleiche gilt, wenn das Abwasser bei seinem

1) Vgl. Fussnote 1 auf nebenstehender Seite.

2) Bezüglich der Kontrolle von Schlammzersetzungsanlagen, die mit Absitzanlagen vielfach kombiniert werden, vergl. S. 78.

Durchgang durch die Anlage Aenderungen in seinem Alkaleszenzgrade aufweist.

Die betriebstechnische (tägliche) Kontrolle von Absitzanlagen umfasst:

a) die fortlaufende Messung der auf der Anlage ankommenden Abwassermengen;
b) die an einer Durchschnittsprobe angestellte Ermittelung der in dem behandelten Abwasser noch vorhandenen ungelösten Abwasserbestandteile mit Hilfe der Absetzmethode;
c) die Feststellung des Schwefelwasserstoffgehaltes und der Reaktion im Rohwasser und in den Abflüssen (an Durchschnittsproben);
d) die Messung der abgeschiedenen Schlamm- bzw. Fettmengen.

Da überall da, wo Schlamm liegt, Gasblasen aufsteigen können, so ist hierauf besonders sorgfältig zu achten; dem Hochkommen von Schlammfladen im Absitzraum ist durch Schlammablassen oder durch entsprechende Schlammherausnahme rechtzeitig zu begegnen.

Sache der wissenschaftlichen Kontrolle ist es, ausser den betriebstechnischen Ermittlungen noch folgendes festzustellen

a) die Zusammensetzung der Zu- und Abflüsse an der Hand von Durchschnittsproben (nach Beispiel B 1 bis 3 auf S. 17 u. 18);
b) die Menge der absetzbaren und absiebbaren[1]) Schwebestoffe und ihres Wassergehaltes, festgestellt an Durchschnittsproben in den Abflüssen und eventuell auch im Rohwasser;
c) die Menge der praktisch nicht ausscheidbaren ungelösten Stoffe an Durchschnittsproben im Rohwasser und in den Abflüssen; endlich ist
d) die Behandlung und die Beseitigung des Schlammes zu kontrollieren und dieser event. nach C 1 und C 3 (S. 18) zu untersuchen.

Bei der Abscheidung der ungelösten Stoffe ist die Herausrechnung bestimmter Reinigungsprozente nur dann zulässig, wenn Mischproben vorliegen und die Entnahme sogenannter korrespondierender Proben möglich war; sonst erfolgt die Begutachtung besser nach den absoluten Werten unter Berücksichtigung der für den Gehalt des behandelten Wassers an ungelösten Stoffen gegebenen Grenzwerten (vergl. u. a. Tabelle VI).

---

1) Mechanisch gut geklärtes Abwasser enthält nach Kolkwitz 0,1 ccm/l absiebbare Schwebestoffe (Kolkwitz, Pflanzenphysiologie. S. 183).

3. Die Betriebskontrolle von mit chemischen Zuschlägen arbeitenden Anlagen.

Die mit chemischen Zuschlägen arbeitenden Absitzanlagen erstreben teils eine tunlichst weitgehende Ausscheidung der ungelösten Abwasserbestandteile, teils sollen dabei, bald mehr, bald weniger weitgehend, die gelösten und pseudogelösten Stoffe beeinflusst werden. Nur frische, schale oder schwach faulige Abwässer können im allgemeinen chemisch befriedigend behandelt werden; stark faulige Abwässer sind für eine chemische Behandlung weniger gut geeignet. Voraussetzung für eine gute chemische Klärung ist weiter, dass die zu behandelnden Abwässer in ihrer Zusammensetzung keine allzu grossen Schwankungen aufweisen. Bei häuslichen und normalen städtischen Abwässern kommt eine chemische Klärung nur ausnahmsweise in Frage. Chemische Klärung findet sich eigentlich nur bei Abwässern, die gewerbliche Beimengungen enthalten, und bei denen man glaubt, auf mechanischem Wege eine befriedigende Behandlung nicht erreichen zu können.

Die Klärung der Abwässer erfolgt teils in Becken-, teils in Brunnen-, teils in Turm-, teils in Teichanlagen. Als charakteristische Durchbildungsart ist das Kohlebreiverfahren zu nennen, bei dem Braunkohle ($1^1/_2$—3 kg pro cbm Abwasser) und meist weisse (eisenfreie) schwefelsaure Tonerde (200—350 g pro cbm Abwasser) Verwendung finden. Bei älteren Fällungsverfahren werden Kalk, Eisenvitriol, Ferrisulfat oder schwefelsaure Tonerde teils allein, teils miteinander kombiniert, in wechselnden, der Abwasserbeschaffenheit angepassten Mengen verwendet.

Die Leistung der mit chemischen Zuschlägen arbeitenden Anlagen ist eine verschieden grosse, je nachdem Braunkohle Verwendung gefunden hat oder nicht.

Bei der Behandlung von Abwässern ohne Braunkohlezusatz werden etwa 65—80 pCt. der ungelösten und im Höchstfalle 20—30 pCt. der sogenannten gelösten organischen Stoffe ausgeschieden; bei Verwendung von Braunkohle werden die ungelösten Stoffe etwa ebenso weitgehend ausgeschieden, die gelösten Stoffe werden aber bis auf 60—80 pCt. und zwar so weit herabgemindert, dass das behandelte Wasser fäulnisunfähig geworden ist, trotzdem also noch 20—40 pCt. unveränderte organische Stoffe in demselben zurückgeblieben sind.

Bei der chemischen Klärung kann die Menge der ausgeschiedenen, an Phosphaten reichen Schlammstoffe die bei Absitzanlagen erhaltene

Schlammenge um das Drei- bis Vielfache übersteigen; aus 1 cbm Abwasser können also zwischen 6, 10 und 30 Liter Schlamm mit einem Wassergehalt von 90—95 pCt. erhalten werden.

Bei der Behandlung der Abwässer mit chemischen Zuschlägen werden auch die praktisch (mechanisch) nicht ausscheidbaren Schwebestoffe mitausgefällt. Die mit der Absieb- oder Absetzmethode erhaltenen Schlammwerte liegen meistens niedriger als die bei den reinmechanischen Verfahren erhaltenen Werte. Da aber die chemisch behandelten Abwässer stets geringe Ueberschüsse von Klärmitteln enthalten, die beim Stehen nachträglich sich auszuscheiden beginnen, so können bei scheinbar klaren Wässern bei Anstellung der Absetzmethode unter Umständen nachträglich oft starke Bodensätze auftreten.

Enthält ein mit chemischen Zuschlägen, z. B. nach dem Kohlebreiverfahren behandeltes Abwasser vor seiner Reinigung Spuren von Schwefelwasserstoff, so kann dieser auch in den behandelten Abwässern noch vorhanden sein und eine Fäulnisfähigkeit dieses Wassers vortäuschen. Bei Anstellung der Fäulnisprobe ist diesem Umstande entsprechend Rechnung zu tragen (s. S. 43).

Typische Abflüsse aus Fällungsanlagen sind meistens klar und mehr oder weniger frei von Schwebestoffen, deren Menge, durch die Absetzmethode ermittelt, im allgemeinen nicht grösser sein soll als wie beim Absitzverfahren (vergl. S. 39). Die gelösten fäulnisfähigen Stoffe sind teils unbedeutend, teils weitgehend — beim Kohlebreiverfahren bis zur Fäulnisunfähigkeit — vermindert und enthalten nur noch geringe Mengen des im Ueberschuss zugesetzten Fällungsmittels. Nach der chemischen Behandlung sind frische und schale Abwässer frei von Schwefelwasserstoff; enthält das Abwasser dagegen geringe Mengen Schwefelwasserstoff, so können diese, wie soeben erwähnt worden ist, in dem behandelten Wasser noch vorhanden sein; sie dürfen dabei aber keine Zunahme erfahren haben und müssen bei einer Lüftung des geklärten Wassers — z. B. beim Kohlebreiverfahren — rasch und vollständig aus demselben verschwinden.

Die Ueberlastung einer Fällungsanlage zeigt sich in der Zunahme der Schlammstoffe in den Abflüssen; beim Kohlebreiverfahren können fäulnisfähige Abflüsse entstehen. Zu weit getriebene Klärung gibt zwar, dem Augenschein nach beurteilt, prachtvolle Abflüsse; die im Ueberschusse zugeführten Chemikalien können aber dann in der Vorflut oder in den biologischen Körpern teils wie Gifte wirken, teils zu missständlichen sekundären Ausscheidungen Veranlassung geben.

Bei der betriebstechnischen, täglich auszuführenden Kontrolle ist an erster Stelle

a) durch periodische Entnahme von Stichproben aus dem Mischgerinne, und zwar nachdem die Beimischung der Zuschläge erfolgt ist, auf richtige Flockenbildung zu achten, um danach den Chemikalienzusatz zu bemessen; weiter sind dauernd zu notieren:

b) die erforderlich werdenden Zuschläge und

c) die Menge des anfallenden Abwassers; täglich etwa einmal sind

d) die in den Abflüssen aus einer Mischprobe durch die Absetzmethode sich noch ausscheidenden ungelösten Stoffe zu ermitteln;

e) das Rohwasser und die Abflüsse sind in Mischproben auf Schwefelwasserstoff zu prüfen; beim Kohlebreiverfahren ist nach voraufgegangener event. Ausscheidung des Schwefelwasserstoffs (s. unten) die Fäulnisprobe anzustellen.

Bezüglich der Schlammkontrolle gilt in betriebstechnischer Hinsicht das bei dem Absitzverfahren Gesagte.

Die wissenschaftliche Kontrolle hat auf das Gleiche zu achten wie die betriebstechnische Kontrolle; weiterhin wird diese aber folgendes noch zu ermitteln haben:

a) die Zusammensetzung des ursprünglichen Rohwassers, des mit den Zuschlägen versetzten Abwassers[1]) und des geklärten Wassers an der Hand von Durchschnittsproben (nach Beispiel B 1 bis 3 auf S. 17 u. 18);

b) die Menge der absetzbaren Schwebestoffe und ihres Wassergehaltes — event. auch noch ihre besondere Zusammensetzung — an Durchschnittsproben in den unter a genannten 3 Abwasserarten;

c) die Menge der in den Abflüssen enthaltenen überschüssigen Klärmittel und

d) beim Kohlebreiverfahren die Fäulnisfähigkeit der Abflüsse, nachdem der eventuell vorhandene Schwefelwasserstoff durch Lüftung aus der Probe vorher entfernt worden ist.

---

1) Zum Zwecke der Beurteilung, ob korrespondierende Proben vorliegen, bedarf die durch die Zuschläge bewirkte Erhöhung mancher Analysenwerte, z. B. des Chlorgehaltes, entsprechender Berücksichtigung.

Tabelle VII. **Beispiele über die Zusammensetzung verschiedener**

Bezeichnung	Aeussere Beschaffenheit					Methylenblauprobe (nach 6 Stund.)	Reaktion
	Klarheit	Durchsichtigkeit in cm	Farbe	Geruch	Ungelöstes (Menge, Farbe usw.)		
Hochkonzentriertes fauliges Abwasser (aus einer Arbeiterkolonie)	sehr stark trübe	0,6	schwärzlich	stark nach Schwefelwasserstoff	reichlich, schwarz	vollständig entfärbt	alkalisch
Konzentriertes fauliges Abwasser (aus einer Stadt)	do.	1,4	do.	faulig, nach Schwefelwasserstoff	do.	do.	do.
Fauliges Abwasser von mittlerer Konzentration (aus ein. Krankenhaus)	stark trübe	1,8	do.	do.	mässig, schwärzlich	do.	do.
Dünnes fauliges Abwasser (aus einer „Hauskläranlage“)	trübe	2,1	günlichschwärzlich	do.	mässig, grauschwarz	do.	schwach alkalisch

Die Bestimmung der Menge der vorhandenen Schwebestoffe erfolgt im allgemeinen kurz nach der Entnahme der Wasserproben. Scheiden sich bei der Aufbewahrung der Probe (z. B. bei Anstellung der Fäulnisprobe) viele Schwebestoffe nachträglich noch aus, so ist nach Ablauf der 10 tägigen Aufbewahrung der Probe eine abermalige Ermittelung dieser Stoffe empfehlenswert.

4. Die Betriebskontrolle von Faulanlagen.

Als selbständige Reinigungsverfahren finden Faulanlagen in der Praxis nur selten Verwendung; sie dienen der Hauptsache nach der Vorbehandlung des Abwassers, und zwar entweder bei künstlichen oder bei natürlichen biologischen Reinigungsanlagen[1]) und bezwecken eine tunlichst weitgehende Ausscheidung der ungelösten Abwasserbestandteile bei möglichst bequemer Schlammbehandlung. Faulanlagen werden baulich nämlich derartig ausgestaltet, dass der Schlamm längere Zeit in der Anlage verbleiben kann, ohne dass damit eine nachteilige Beeinflussung des mechanischen Erfolges verbunden ist.

1) Gelegentlich auch bei Desinfektionsanlagen.

„gefaulter“ Abwässer (Abflüsse aus Faulraumanlagen).

In 1 Liter des unfiltrierten Wassers sind enthalten mg				In 1 Liter des filtrierten Wassers sind enthalten mg								werden verbraucht mg Kaliumpermanganat ($KMnO_4$)
Ungelöstes		Schwefelwasserstoff (H_2S)	Gasförmiger Sauerstoff	Abdampfrückstand		Chlor (Cl)	Gesamt-	Nitrat-	Nitrit-	Ammoniak-	organischer	
Gesamt	Glühverlust			Gesamt	Glühverlust		Stickstoff					
—	—	42	0	—	—	420	374	nicht nachweisbar	nicht nachweisbar	278	96	1496
250	220	14	0	1254	459	246	142	do.	do.	116	26	372
110	92	6	0	915	202	141	51	do.	do.	38	13	259
70	64	Spuren	0	—	—	74	34	do.	do.	26	8	186

Auf die Frischerhaltung des Abwassers wird dabei kein Wert gelegt. Der in der Anlage aussedimentierende Schlamm geht, da er nicht rasch entfernt wird, in Fäulnis über, das den Raum durchfliessende frische Abwasser wird durch den in der Anlage vorhandenen fauligen Schlamm ebenfalls faulig, und seine organischen Verbindungen werden dabei verändert und abgebaut. In eingearbeiteten Faulräumen geht also das frische oder schale Abwasser in fauliges Abwasser über (vgl. Tabelle VII).

Der in der Faulanlage verbleibende Schlamm bildet je nach seiner Beschaffenheit — ob frisch oder mehr oder weniger weit ausgefault, ob häuslich oder gewerblich usw. — teils Schwimmschichten, teils Sinkschichten, die im Gegensatz zu nicht durchflossenen Faulräumen mechanisch nicht gestört werden dürfen, da der mechanische Erfolg der Anlage sonst nachzulassen beginnt. Je nachdem es sich um offene oder um überdeckte Faulräume handelt, je nachdem nur ein Faulraum oder zwei hintereinander geschaltete Faulräume vorhanden sind, je nach der Grösse der Faulräume selbst im Vergleich zur anfallenden Schlammenge ist die Schwimmdecken- und Sinkschichtbildung verschieden stark und von verschiedener Beschaffenheit[1]); auch die Art des den Faulräumen zugeführten Abwassers beeinflusst naturgemäss die Art der Schlammausscheidung und Schlammablagerung.

Die in dem Faulraum durch Bakterientätigkeit entstehenden Faulraumgase enthalten Stickstoff, Schwefelwasserstoff, Kohlensäure, Sumpfgas und Wasserstoff in wechselnden Mengen[2]). Die Gase sind brennbar und bilden mit Luft gemischt explosible Gasgemische. Ueber die Art der Gasbestimmung vgl. Fowler[3]), ferner Farnsteiner, Buttenberg und Korn[3]); über die Art der Gase roh orientieren kann man sich nach den Angaben von Lehmann und Neumann[4]).

Charakteristisch durchgebildete, von Abwasser durchflossene Faulanlagen bestehen meistens aus zwei hintereinander geschalteten Becken, bei denen die Ein- und Ausläufe derartig angeordnet sind, dass der Eintritt und die Ableitung des Wassers aus der mittleren Wasserschicht erfolgt. Das zweite Becken, in dem sich im wesentlichen Sedimentiervorgänge abspielen, wird etwa halb so gross wie das erste Becken, das der Schlammspeicherung und Schlammzersetzung dient, angelegt. Beide Becken werden bei grösseren Anlagen auf 24 Stunden Durchflusszeit berechnet; bei kleineren Anlagen erhöht man die Aufenthaltsdauer in der Faulanlage auf $1^1/_2$ bis 2 und gelegentlich sogar bis auf 30 Tage.

Die Leistung von Faulanlagen erstreckt sich an erster Stelle auf die Ausscheidung der ungelösten Stoffe und auf deren Umwandlung in verhältnismässig inoffensiven, gut zu beseitigenden Schlamm, dessen Menge nicht unwesentlich niedriger ist als bei frischem Schlamm.

In Faulanlagen beträgt die Abnahme der Schwebestoffe etwa 60

---

1) Vgl. Schmidtmann, Thumm, Reichle. l. c. S. 240.

2) Beim Abbau der Eiweissstoffe entstehen Kohlensäure und Schwefelwasserstoff. Die Sumpfgas- und Wasserstoffgasentwicklung ist auf den Gehalt des Abwassers an Kohlehydraten zurückzuführen; dabei werden gleichzeitig noch organische Säuren gebildet, die durch das beim Stickstoffabbau entstehende Ammoniak meistens sofort wieder gebunden werden (vgl. hierüber Schmidtmann, Thumm, Reichle. l. c. S. 239; O. Emmerling, Die Zersetzung stickstofffreier organischer Substanzen durch Bakterien. 1902. S. 118. Vieweg & Sohn; A. Fischer, Vorlesungen über Bakterien. 2. Aufl. S. 236. Jena 1903, G. Fischer; ferner diese Arbeit. S. 72).

3) Vgl. die Fussnote 1 auf Seite 4.

4) Lehmann, K. B. und R. O. Neumann, Atlas und Grundriss der Bakteriologie. Text. S. 98. 4. Aufl. München 1912.

bis 70 pCt., ist also etwa ebenso hoch wie bei Absitzanlagen. Die in Faulräumen erhaltene Schlammenge beträgt im grossen Durchschnitt aber nur etwa $^1/_3$ der in Absitzanlagen erhaltenen Menge. Aus 1 cbm Abwasser werden also, je nach seiner Konzentration, etwa 0,7 bis 1,5 Liter ausgefaulter Schlamm erhalten; im Tage also 7—15 cbm ausgefaulten Schlamm für 100 000 Einwohner.

Die in Faulräumen beobachtete „Schlammverzehrung" hat teils in einer Vergasung und Umwandlung der organischen ungelösten Stoffe, teils in einer gleichzeitigen Konzentration derselben, also in einer Wasserabgabe ihre Ursache. Der Wassergehalt von Faulraumschlamm kann zu rund 80 pCt. angenommen werden. Seiner Beschaffenheit nach gleicht derselbe guter Gartenerde; er ist nur etwas stickstoffreicher als diese. Eine Schlammherausnahme aus dem Faulraum erfolgt — nach erfolgter Einarbeitung — entweder von Monat zu Monat oder auch nur zur Winterszeit, also Ende Herbst und vor Beginn des Frühjahrs. Zwecks normaler Arbeit des Schlammzersetzungsraums wird dabei stets nur ein Teil des angesammelten Schlammes herausgenommen.

Infolge des Gehaltes der Faulraumabflüsse an Schwefeleisen ist die Menge der „mechanisch nicht ausscheidbaren ungelösten Stoffe" eine verhältnismässig grosse, obgleich zahlreiche in dem Frischwasser vorhandene, mechanisch nicht ausscheidbare Stoffe im Faulraum verschwinden, durch den Faulprozess also „verflüssigt" worden sind. Die Menge der mechanisch nicht ausscheidbaren festen Bestandteile kann zu etwa 10—20 pCt. der Gesamtschwebestoffmenge angenommen werden.

In typischen Faulanlagen nehmen die sogenannten gelösten fäulnisfähigen Stoffe, nach dem organischen Stickstoff und dem Kaliumpermanganatverbrauch beurteilt, um etwa 30 pCt. ab. Der Gesamtstickstoff kann bis 50 pCt. vermindert werden und der Ammoniakgehalt um 30 pCt. und mehr zunehmen. Faulraumabflüsse sind kohlensäurereicher als frische Abwässer und enthalten auch mehr Bakterien als diese. Schwefelwasserstoff findet sich bis zu 40 mg und mehr in einem Liter. Gefaulte Abwässer besitzen meistens eine grössere Alkaleszenz als frische Abwässer; ihr Säurebindungsvermögen ist bei ihnen also höher als im frischen Zustande.

Bevor die vom Abwasser durchflossenen Faulräume die beschriebenen Veränderungen aufweisen, bedürfen sie der Einarbeitung, deren Dauer verschieden gross ist, je nachdem das zugeführte Abwasser eine frische, schale oder faulige Beschaffenheit aufweist. In dem ersten Falle ist natürlich zum Abbau des organischen Stickstoffs längere Zeit notwendig, als in den beiden letzten Fällen[1]); die Einarbeitung geht im allgemeinen meistens aber immer noch rascher vor sich, als z. B. bei dem Verfahren der abgetrennten Schlammfaulung.

Typische Abflüsse aus Faulanlagen, also normale in Fäulnis befindliche Abwässer (vgl. Tabelle VII) sind mehr oder weniger stark getrübt und von schwärzlicher oder grünlichschwarzer, auf den Gehalt an Schwefeleisen zurückzuführender Farbe. Sie riechen stark faulig und deutlich nach Schwefelwasserstoff. Gefaulte Abwässer sind also wesentlich offensiver als frische oder schale Abwässer. Die Durchsichtigkeit gefaulter Abwässer ist eine verhältnismässig geringe; sie liegt aber etwas höher als bei frischen und bei schalen Abwässern. Die in gefaulten Abwässern enthaltenen Schwebestoffe sind meist schwärzlich oder grauschwarz und feinkörniger als bei frischen Abwässern; bei der Absetzmethode scheiden sie sich verhältnismässig leicht aus dem Abwasser aus. Trotzdem gefaultes Abwasser oft 100 und mehr Milligramm freier Kohlensäure enthält, reagiert es entweder deutlich alkalisch oder auch amphoter.

Faulraumabflüsse sind frei von Sauerstoff und von Nitraten; sie wirken, in Vorfluter eingeleitet, sauerstoffzehrender als frische oder schale Abwässer. Bei Anstellung der Methylenblauprobe tritt fast sofortige Entfärbung ein.

Faule Abwässer enthalten geringere Kolloidmengen als z. B. frische Abwässer, gehen also durch Filtrierpapier leichter hindurch als diese. Aus den absoluten Zahlenwerten wird in üblicher Weise die Konzentration des Abwassers abgeleitet, und man spricht, wie bei frischen Abwässern, von hochkonzentrierten, konzentrierten und von dünnen fauligen Abwässern. Die für den organischen Stickstoff ermittelten absoluten Werte liegen dabei beträchtlich niedriger als diejenigen für den Ammoniakstickstoff.

Ueberlastete Faulanlagen liefern schwebestoffreichere und frischere Abflüsse als normal belastete Anlagen; die Ueberlastung kommt entweder durch Zufuhr zu grosser Wassermengen zu der Faulanlage, oder durch allzu grosse Schlammanhäufung in derselben zustande. Schlechte mechanische Erfolge beobachtet man aber auch,

---

1) Vgl. die Tabelle III, ferner die Fussnote 2 auf Seite 31.

wenn in der letzten Faulkammer zu viel Schlamm angehäuft ist, und aus dem Schlamm entstehende Faulgase diesen hochführen und den mechanischen Erfolg zu stören beginnen. Die letzte Abteilung einer Faulanlage nach der Art der Frischwasseranlagen mit selbsttätiger Schlammentfernung zu versehen, kann in manchen Fällen der Praxis deshalb empfehlenswert sein.

Die Kontrolle richtig konstruierter, genügend gross bemessener Faulanlagen ist eine sehr einfache. Bei kleinen Anlagen hat man eigentlich nichts weiter zu tun, als die auf dem Wasser vorhandene Schwimmdecke, eventuell nach Durchwaschen mit reinem Wasser, von Zeit zu Zeit — ein- oder zweimal im Jahr (im Herbst und im Frühjahr) — herauszunehmen. In grossen Anlagen erfolgt die betriebstechnische, täglich auszuführende Kontrolle im wesentlichen nach den für die Kontrolle von Absitzanlagen angegebenen Gesichtspunkten und umfasst folgende Ermittelungen:

a) die Messung der anfallenden Abwassermengen;
b) die Feststellung der Stärke und der Beschaffenheit der Schwimm- und der Sinkschichten in den einzelnen Abteilungen;
c) die Feststellung des Schlammgehaltes der Faulraumabflüsse mittels der Absetzmethode an Durchschnittsproben;
d) Beobachtungen der Witterungsverhältnisse und ihres Einflusses auf die Faulräume, auf die Schwimmdecken und auf das Auftreten und die Verbreitung von Fliegen;
e) die Notierung der aus dem Faulraum entfernten Schlammmengen, der Dauer ihrer Entwässerung und der Art ihrer Beseitigung.

Die Ermittelung der Stärke der Sinkschichten (Punkt b) erfolgt dabei durch Tasten mittels einer etwa 30 cm im Quadrat messenden, nicht zu dicken, an Schnüren aufgehängten Blechplatte. Auf das gelegentliche Aufsteigen von Gasblasen oder von Schlammfladen in der letzten Abteilung der Faulanlage ist besonders zu achten; einer Schlammanhäufung in dieser letzten Kammer, die stets schlechte mechanische Effekte zur Folge hat, ist durch rechtzeitige Schlammherausnahme zu begegnen.

Bei der wissenschaftlichen Kontrolle von Faulanlagen ist weiter festzustellen:

a) die Zusammensetzung der Abflüsse und des Rohwassers an Durchschnittsproben nach Beispiel B 1 bis 3 (vgl. S. 17 u. 18);

der Gehalt des Abwassers an Schwefelwasserstoff ist dabei quantitativ zu ermitteln;

b) die Menge der im Rohwasser und in den Abflüssen enthaltenen absetzbaren und absiebbaren Schwebestoffe und ihres Wassergehaltes an Durchschnittsproben;

c) die Menge der mechanisch nicht ausscheidbaren Schwebestoffe im Rohwasser und in den Abflüssen;

d) die Beschaffenheit des Schlammes nach Beispiel C1 oder C3 (Seite 18); endlich ist

e) auf die Möglichkeit des Auftretens unangenehmer Gerüche zu achten. Die Lüftungseinrichtungen sind zu kontrollieren.

5. Die Betriebskontrolle von Fischteichanlagen.

Die in der Abwasserpraxis benutzten Fischteichanlagen verfolgen verschiedene Zwecke. Hinter künstlichen biologischen Anlagen angeordnet, dienen sie der Hauptsache nach der Kontrolle dieser Anlagen; aus der Lebensfreudigkeit und dem Gedeihen der Fische will man auf die Leistungen dieser Verfahren bestimmte Schlüsse ziehen. Rieselanlagen nachgeschaltet, sollen Fischteichanlagen deren Abflüsse noch weiter reinigen; die gelegentlich in Rieselfeldabflüssen enthaltenen fäulnisfähigen und nährstoffreichen Verbindungen, die zur Bildung von Abwasserpilzen Veranlassung geben, sollen bei der Teichbehandlung abgebaut bzw. in organisierte Fischnahrung umgewandelt und die z. B. in Rieselgräben beobachtete, sekundär sich zeigende Verschmutzung soll damit vermieden werden. Hinter mechanischen Anlagen angelegt, sollen endlich Teichanlagen die fäulnisfähigen Abwässer fäulnisunfähig machen; Fischteichanlagen treten hier also als selbständige Reinigungsverfahren auf, die der primären Vorflutverunreinigung entgegenwirken sollen.

Die Abmessungen und der Betrieb von Fischteichanlagen bewegen sich, ihren verschiedenen Zwecken entsprechend, naturgemäss in weiten Grenzen; dabei ist es aber in allen Fällen notwendig, von ihnen die Schlammstoffe tunlichst weitgehend fernzuhalten. Tropfkörperabflüsse sind also mechanisch vorzubehandeln, fäulnisfähige Abwässer sind vorher zu entsanden, zu entfetten und zu entschlammen, Füllkörperabflüsse und Abflüsse von Rieselfeldern können dagegen, sofern sie praktisch schwebestofffrei sind, Teichanlagen direkt überantwortet werden.

Fäulnisunfähige Abwässer kann man in Teichanlagen unverdünnt behandeln; fäulnisfähige Wässer bedürfen dagegen einer etwa 5 bis

10fachen Verdünnung mit Reinwasser. Hinter Rieselanlagen und biologischen Anlagen errichtete Teichanlagen werden dabei so gross angelegt, dass sie wenigstens das Tagesquantum der Abwassermenge zu fassen vermögen; für die Behandlung fäulnisfähiger Abwässer bestimmte Teichanlagen muss man dagegen bedeutend grösser machen. Gute Erfolge lassen sich nach den bisherigen Erfahrungen erzielen, sofern sich das Abwasser etwa 10 bis 30 Tage in den Anlagen aufhalten kann und grosse Reinwassermengen dauernd zur Verfügung stehen.

Die Anlage und die Einarbeitung von Fischteichen, ihre Besetzung mit Fischen [Karpfen und Schleie[1])] erfolgt am besten unter Zuziehung eines Fischereibiologen. Vergl. dazu Hofer[2]), ferner die zusammenfassenden Besprechungen von Dunbar[3]) und von Thumm[4]); in technischer Beziehung sei auf das kleine Werk von Linke und Böhm[5]) verwiesen.

Fischteichanlagen liefern nicht allein fäulnisunfähige, sauerstoffhaltige Abflüsse; infolge ihrer oft weit getriebenen Verdünnung mit reinem Wasser erscheinen die Abflüsse auch dem Auge als gereinigte Abwässer. Die Wässer sind alsdann mehr oder weniger farblos und klar und besitzen das Aussehen und den frischen Geruch eines normalen Fluss- oder Bachwassers. Von absetzbaren Schwebestoffen sind sie mehr oder weniger frei; sie können aber ziemliche Mengen mechanisch nicht ausscheidbarer Schwebestoffe, nämlich Plankton, enthalten, das nach seiner Abtötung, z. B. mit Formalin, sich ausscheidet und dann durch die Absetzmethode bestimmt werden kann.

Typische Abflüsse aus Teichanlagen sollen wenigstens 1 ccm

---

1) An sich betrachtet, ist zur Erzielung befriedigender Reinigungserfolge die Besetzung der Teiche mit Fischen naturgemäss nicht notwendig; auch Teiche, die nicht mit Fischen besetzt sind, verbessern natürlich die Beschaffenheit der hindurchgeschickten Abwässer.

2) Hofer, B., Ueber die Vorgänge der Selbstreinigung im „Wasser". Münch. med. Wochenschr. 1905. Nr. 47. S. 2266—2269; — Graf, Kanalisation des Marktes Staufen. Ges. Ing. 1912. S. 202; — Hofer, Im Sonderkatalog für die Gruppe Städtereinigung. Internat. Hygiene-Ausstellung Dresden. 1911. S. 106.

3) Dunbar, Leitfaden für die Abwasserfrage. 2. Aufl. S. 512. München-Berlin 1912. R. Oldenbourg.

4) Thumm, Ueber Anstalts- und Hauskläranlagen. Berlin 1913. 2. Aufl. S. 41. A. Hirschwald.

5) Linke, R. und Fr. P. Böhm, Anleitung zum Bau und zur Bewirtschaftung von Teichanlagen. 2. Aufl. 1912. J. Neumann, Neudamm.

Luftsauerstoff in 1 Liter[1]) enthalten; sie sind fäulnisfrei und geben zu sekundären Missständen in der Vorflut (Schlammbildung, Pilzentwicklung) keine Veranlassung. Die durch Filtrierpapier leicht hindurchgehenden Abflüsse sind meistens sehr dünn, da sie ja vorher mit reinem Wasser weitgehend verdünnt worden sind.

Eine Ueberarbeitung der Fischteiche zeigt sich zunächst in dem Mattwerden und in dem Eingehen der Fische; der Sauerstoff nimmt ab und verschwindet schliesslich aus dem Teichwasser; an die Stelle der Oxydationsvorgänge treten Reduktionsvorgänge und die bisherige Frischwasseranlage wird bei unachtsamer Bewirtschaftung zu einer Faulanlage.

Sind Messeinrichtungen für die den Teichanlagen zugeführten Wassermengen vorhanden, so ist der Betrieb der Anlagen ein verhältnismässig einfacher. Baulich richtig gestaltete, genügend gross bemessene und von sachverständiger Seite eingearbeitete Teichanlagen gehören im übrigen mit zu den betriebssichersten Reinigungsanlagen.

Die betriebstechnische Kontrolle umfasst

a) die sorgfältige Ueberwachung der Messeinrichtungen für das zugeleitete Abwasser und für das Reinwasser;
b) die fortdauernde Ermittelung des Sauerstoffgehaltes des Teichwassers und
c) die Anstellung der Methylenblauprobe in dem schwebestofffreien, filtrierten und in dem schwebestoffreichen, nichtfiltrierten Teichwasser.

Zur bequemen Ermittelung des Sauerstoffgehaltes (Punkt b) hat Hofer[2]) eine orientierende Methode vorgeschlagen, die sich etwa innerhalb einer Minute durchführen lässt.

Fischteichanlagen kann man nur dann wissenschaftlich richtig kontrollieren, deren Leistungen abschliessend also beurteilen, wenn man sich dabei über die Art des Abwasseranfalles, über das Verhältnis zwischen Schmutz- und Reinwasser vollständig klar ist. Fliesst z. B. reines Wasser sowohl am Tage wie auch in der Nacht gleichmässig zu, fällt das Abwasser aber nur am Tage an, so können wirklich korrespondierende Proben natürlich nicht genommen und Reinigungserfolge

1) Schiemenz in Klut, Untersuchung des Wassers an Ort und Stelle. 2. Aufl. S. 133. Berlin 1911. Springer.

2) Hofer, B., Ueber eine einfache Methode zur Schätzung des Sauerstoffgehaltes im Wasser. Allg. Fischerei-Ztg. 1902. Nr. 22. S. 408.

dürfen in solchen Fällen dann nicht herausgerechnet werden. Leitet man aber gleichmässig verdünnte Absitzanlagenabflüsse oder Rieselfeldabflüsse oder Tropfkörperabflüsse, ohne dass man die beiden letzteren z. B. weiter verdünnt, durch Teichanlagen gleichmässig hindurch, so ist dagegen die Entnahme korrespondierender Proben und die Herausrechnung bestimmter Reinigungserfolge wohl möglich. Mit Hilfe von Leitfähigkeitsbestimmungen oder durch Ermittelung der Chlorzahlen, die an möglichst vielen, aus den Teichen und aus den Abflüssen geschöpften Einzelproben ausgeführt worden sind, orientiert man sich sehr rasch, wie die Verhältnisse hier liegen, und ob die Entnahme von Mischproben oder diejenige von möglichst vielen, für sich zu untersuchenden Stichproben im Einzelfalle das richtigere ist. In dem letzten Falle hat natürlich die Begutachtung nur nach den erhaltenen absoluten Analysenwerten zu erfolgen.

Bei der wissenschaftlichen Kontrolle ist danach also zunächst

a) an der Hand von möglichst vielen Einzelproben und unter Benutzung bestimmter Indikatoren die Wasserbeschaffenheit des Teichwassers und der Abflüsse zu ermitteln; danach ist

b) die Beschaffenheit des den Teichen zufliessenden Abwassers und der Teichabflüsse entweder an der Hand von Mischproben oder durch Entnahme tunlichst vieler Einzelproben festzustellen; weiter ist

c) die Beschaffenheit des Rohwassers und des zur Verdünnung benutzten Reinwassers getrennt zu ermitteln;

d) die Teichanlage und die Abflüsse aus der Teichanlage sind nach biologischen Grundsätzen eingehend zu untersuchen. Der Einleitungsstelle der Abwässer ist dabei besondere Aufmerksamkeit zu schenken;

e) der Sauerstoffgehalt des Teichwassers und der Abflüsse ist bei der Entnahme der Wasserproben und nach 48 stündiger Bebrütung nach Winkler zu ermitteln.

Die Kontrolle von Teichanlagen hat sich im übrigen sowohl auf die Teiche selbst wie auf die zur Vorreinigung benutzten Anlagen zu erstrecken. Bezüglich der letzteren vgl. die bezüglichen Einzelkapitel.

6. Die Betriebskontrolle von künstlichen biologischen Anlagen.

Die künstlichen biologischen Reinigungsanlagen verfolgen den Zweck, die der Vorflut zu überantwortenden Abwässer fäulnisunfähig zu machen; die gelösten, pseudogelösten und ungelösten organischen Abwasserbestandteile sollen also derartig umgewandelt werden, dass sie der stinkenden Fäulnis nicht mehr anheimzufallen vermögen. Künstliche biologische Anlagen erstreben also in physikalischer und chemischer Beziehung vollkommene Reinigungserfolge; bakteriologische Effekte sollen bei ihnen im allgemeinen dagegen nicht erzielt werden.

Die aus künstlich aufgeschichteten körnigen Materialien aufgebauten „biologischen Körper“, durch die das Abwasser entweder heruntertropft oder die von dem Abwasser eine gewisse Zeit lang völlig erfüllt sind, sind für künstliche biologische Anlagen das Charakteristische; die erste Art der biologischen Körper bezeichnet man als „Tropfkörper“, die letztere als „Füllkörper“. Tropfkörper bzw. das Tropfverfahren und Füllkörper bzw. das Füllverfahren sind also die charakteristischen Durchbildungsarten der biologischen Körper bzw. des biologischen Reinigungsverfahrens.

So wie die Abwässer anfallen, können sie in künstlichen biologischen Körpern ohne weiteres aber nur selten behandelt werden. Schlammstoffe enthaltende Abwässer muss man vorher entschlammen, Abwässer, die Giftstoffe[1]) enthalten, sind zu entgiften, zu konzentrierte Abwässer[2]) sind zu verdünnen, ehe man sie den biologischen Körpern zur endgültigen Behandlung überantworten kann. Die Art der Vorbehandlung wird der Hauptsache nach durch die im Einzelfalle in Frage kommende Abwasserart bestimmt; sie erfolgt teils in Absitz- (Frischwasser-), teils in Faulanlagen, teils in mit chemischen Zuschlägen betriebenen Absitzanlagen. Manche biologischen Körper, und zwar sämtliche Tropfkörper enthalten aber auch in ihren Abflüssen Schwebestoffe, die sich entweder neu gebildet haben oder aus anderen ungelösten Stoffen durch Umwandlung entstanden sind. Für diese Abflüsse kann deshalb auch noch eine Nachbehandlung in Frage kommen, so dass also eine vollständige künstliche biologische Reinigungsanlage bestehen kann, entweder

1. aus einer Vorreinigung, aus Tropfkörpern und aus einer Nachreinigung oder
2. aus einer Vorreinigung und aus Füllkörpern.

---

1) z. B. Aetzkalk, Chromverbindungen, viel Chlor, freie organische Säuren.

2) z. B. Schlachthofabwässer, Abdeckereiabwässer, die der Säuerung unterliegenden gewerblichen Abwässer (Brennereiabwässer, Celluloseabwässer usw.).

Die in biologischen Körpern beobachtete Leistung kommt nach Dunbar[1]) durch zwei verschiedene Vorgänge zustande:

1. Vorgang: Die Schmutzwasserbestandteile werden in den Körpern aus dem Abwasser ausgeschieden; das Abwasser verlässt alsdann gereinigt den biologischen Körper.
2. Vorgang: Die in dem biologischen Körper zurückgebliebenen Schmutzstoffe werden derartig umgebildet, dass neue Schmutzstoffe durch den Körper aufgenommen und verarbeitet werden können.

Der erste Vorgang erfolgt durch sogenannte Absorptionswirkung des auf dem Material aufgelagerten biologischen Rasens; er findet in wenigen Minuten statt, auch wenn die Organismen abgetötet sind, und wenn Luft zu dem Material nicht hinzutreten kann. Die Reinigung des Abwassers ist deshalb keine „biologische". Der der Regenerierung des Körpers dienende zweite Vorgang ist dagegen ein biologischer. Die Verarbeitung der zurückgebliebenen Schmutzstoffe gebraucht dabei Zeit und ist an Luft bzw. an Luftsauerstoff gebunden. Bei Abtötung der Organismen geht der erste Vorgang, wie bemerkt, eine Zeitlang unverändert weiter. Da aber der zweite Vorgang, die Regenerierung, fehlt, sammeln sich die Schmutzstoffe in dem Körper an, sie werden nicht mehr umgebildet, die Leistung der Körper lässt deshalb nach und verschwindet schliesslich vollständig. Zur Erzielung normaler Reinigungserfolge müssen deshalb beide Vorgänge ordnungsgemäss sich abwickeln; ein Vorgang allein führt zum Versagen der biologischen Reinigungsanlage.

Abwasserreinigung und Regenerierung des biologischen Körpers spielen sich bei Tropfkörpern gleichzeitig ab; die neu entstandenen oder die umgebildeten Schwebestoffe stösst der Körper andauernd aus, er bleibt deshalb unverschlammt, die Abflüsse enthalten dafür die ausgeschwemmten Schlammstoffe. Bei Füllkörpern erfolgt die Reinigung des Abwassers während des Vollstehens, die Regenerierung des Körpers geschieht aber erst nach erfolgter Entleerung; beide Vorgänge spielen sich bei Füllkörpern also nacheinander ab. Die Schlammstoffe verbleiben dabei in dem Füllkörper, die deshalb langsam verschlammen; dafür sind die Abflüsse praktisch frei von Schwebestoffen.

---

1) Dunbar, Vierteljahrsschr. f. gerichtl. Med. u. öff. Sanitätswesen. 3. Folge. 1900. Bd. 19. Suppl.-Heft. S. 178.

Bei normaler Abwasserreinigung werden der organische Stickstoff, das Ammoniak und der Kaliumpermanganatverbrauch um wenigstens 60 pCt. vermindert; bei der Regenerierung des Körpers werden die absorbierten Stickstoffverbindungen zu Nitraten mineralisiert und, da sie in Wasser löslich sind, aus den Körpern dauernd ausgewaschen. Ein Teil der gebildeten Nitrate wird dabei infolge der reduzierenden Eigenschaften des aufgeleiteten Abwassers zu gasförmigem Stickstoff reduziert. Füll- und Tropfkörperabflüsse enthalten also stets nur einen Bruchteil der ursprünglich gebildeten Nitratverbindungen[1]).

Je feinkörniger ein Körpermaterial ist, desto grösser ist bekanntlich seine absorbierende Oberfläche. Feines Korn wirkt also besser als gröberes Korn, sowohl betreffs der Verminderung der fäulnisfähigen Stoffe, wie hinsichtlich der Höhe der Nitratbildung. Die Korngrösse muss dabei aber immer eine derartige sein, dass die Luftzufuhr zu allen Teilen des Materials dauernd sichergestellt ist. Bei Füllkörpern liegt diese unterste Grenze bei 3 mm, bei Tropfkörpern bei etwa 20 bis 30 mm. Füllkörpermaterial ist dabei völlig von dem wirksamen biologischen Rasen umkleidet; gröberes Tropfkörpermaterial hat diesen Rasen dagegen im allgemeinen oft nur auf seiner Oberseite, wo das Abwasser hingelangt.

Die Art des biologischen Körpermaterials, die zulässige Materialhöhe und die erforderlichen Materialmengen sind weitere wissens- und beachtenswerte Punkte. Ueber diese, ferner über die Art der Verteilung des Abwassers über die Tropfkörperoberfläche und andere, den Bau biologischer Körper betreffenden Einrichtungen sei auf die einschlägige Literatur[2]) verwiesen. Will man die Leistung biologischer Anlagen sachgemäss beurteilen, vorhandene Missstände richtig einschätzen, so muss man alles dieses natürlich genau kennen und gegeneinander abzuwägen verstehen.

Die biologischen Körper haben sich im übrigen einzuarbeiten, ehe sie ihre normale Leistungsfähigkeit erlangt haben. Bei Füllkörpern geht dies im allgemeinen langsam (etwa $^1/_4$ Jahr), bei Tropfkörpern meistens schnell (etwa 1 Monat). Im Sommer arbeiten sich die Körper rascher ein als im Winter; sie sind eingearbeitet, wenn sie fäulnisunfähige, schwefelwasserstoff- und schwefeleisenfreie Abwässer liefern.

---

1) Thumm, Mitt. d. Kgl. Prüfungsanstalt f. Wasservers. 1902. H. 1. S. 92.

2) Vergl. z. B. Schmidtmann, Thumm, Reichle oder Dunbar oder Thumm, l. c. Fussnote auf S. 32.

Gefaultes Abwasser lässt sich in biologischen Körpern, an sich betrachtet, ebensogut behandeln wie frisches Wasser. Die Reinigungserfolge liegen zwar bei fauligem Wasser, prozentual betrachtet, niedriger als bei frischem Wasser. Da aber das faulige Wasser schon teilweise durch biologische Vorgänge abgebaut ist, so bleibt für die biologischen Körper selbst nur noch eine Restleistung übrig, die natürlich niedriger liegt, als wenn, wie bei frischem Abwasser, der gesamte Abbau der Schmutzstoffe in den biologischen Körpern allein erfolgt wäre. Bei kleineren Abwassermengen kommt aus praktischen Gründen (einfache Art des Betriebes, bequeme Art der Schlammbeseitigung) zur Vorbehandlung der Abwässer nur das Faulverfahren (S. 44) in Frage; bei grösseren Abwassermengen, insbesondere wenn das Auftreten unangenehmer Gerüche vermieden werden muss, wird man den Frischwasseranlagen (S. 35) als Vorbehandlungsmethoden den Vorzug geben.

Zur Nachbehandlung der Tropfkörperabflüsse können sowohl zwei hintereinander angeordnete Becken, oder Frischwasseranlagen, oder mit Frischwasseranlagen kombinierte Becken (S. 49) Verwendung finden. Im Gegensatz zu Absitzanlagen, die fäulnisfähige Abwässer zu behandeln haben, ist im übrigen die tunlichst rasche Trennung der Schlammstoffe vom Wasser hier nicht so erforderlich. In Nachreinigungsbecken, in denen der Schlamm belassen wird, spielen sich nämlich im wesentlichen keine Reduktions- sondern Oxydationsvorgänge ab; Stickstoff soll nicht frei werden, die Nitrate nehmen zu, und die Zellulose, also die Kohlehydrate, werden unter Entbindung von Methan und Wasserstoff zersetzt. Wir haben hier deshalb mehr eine Sumpfgas- und Wasserstoffentwicklung als wie ein Entweichen von gasförmigem Stickstoff. Die Menge der in den Nachreinigungsanlagen ausgeschiedenen ungelösten Stoffe ist eine ausserordentlich wechselnde; sie ist im einzelnen Fall ebenso verschieden, wie in den verschiedenen Jahreszeiten. Bestimmte Zahlenwerte sollen deshalb hier nicht gegeben werden[1]).

Typische Füllkörperabflüsse (vergl. Tabelle VIII) sind mehr oder weniger klar bis schwach getrübt. Je nach ihrer Konzentration sind sie farblos, schwach gelblich bis deutlich gelblich gefärbt, von erdigem, moorigem oder modrigem Geruch und enthalten verhältnismässig wenig ungelöste, von Schwefeleisen und von nennenswerten

---

1) Vogelsang, Versuche mit dem Kremerapparat und den verschiedenen Tropfkörpermaterialien. Mitteil. a.. d. Kgl. Prüfungsanstalt f. Wasservers. 1909. II. 12. S. 278. Aug. Hirschwald, Berlin.

Tabelle VIII. **Beispiele über die Zusammensetzun**

Bezeichnung	Aeussere Beschaffenheit					Fäulnisprobe	Methylenblauprobe (nach 6 Stunden)	Reaktion	In 1 Liter Wassers	
	Klarheit	Durchsichtigkeit in cm	Farbe	Geruch	Ungelöstes (Menge, Farbe usw.)				Ungelöstes	
									Gesamt	Glühverlust
Sehr konzentrierter Füllkörperabfluss aus einer 2stuf. Anlage	schwach trübe	7,1	schwach gelblich	dumpfig, modrig	mässig, hellbraun	negativ	negativ	schwach alkalisch	39	22
Konzentrierter Füllkörperabfluss aus einer 2 stuf. Anlage	wenig trübe	6	grau, Stich ins Gelbe	moorig	mässig	do.	do.	do.	45	35
Füllkörperabfluss von mittl. Konzentrat. aus einer 1stuf. Anlage	trübe	4,3	gelblich-grau	do.	mässig, bräunlich	do.	do.	do.	74	36
Dünner Füllkörperabfluss aus einer 1 stufigen Anlage	opaleszierend	6,3	graugelb	erdig	mässig, grau	do.	—	do.	21	10
Konzentrierter Tropfkörperabfluss (vor der Nachreinigung)	trübe	2,1	schwach bräunl.-gelb	modrig	reichlich, grau, flockig	do.	do.	alkalisch	174	128
Tropfkörperabfluss von mittl. Konzentrat. (vor d. Nachreinigung)	trübe	1,4	schwach gelblich	dumpfig, erdig	reichlich, torfartig, flockig	do.	do.	schwach alkalisch	124	99
Dünner Tropfkörperabfluss (vor der Nachreinigung)	trübe	4,6	do.	erdig	reichlich, grauweisslich, flockig	do.	do.	do.	131	125

Eisenoxydmengen freien Sinkstoffe. Die Durchsichtigkeit der Wässer ist eine beträchtliche; sie kann von wenigen Zentimetern an bis zu 30 cm und mehr gehen. Füllkörperabflüsse reagieren alkalisch oder amphoter; sie enthalten freien Sauerstoff in meistens nur geringen Mengen, dabei aber oft sehr viele Nitrate, insbesondere, wenn der Körper mit frischem Abwasser beschickt worden ist, oder wenn zweistufige Füllkörperanlagen vorliegen, bei denen die reduzierend wirkenden Eigenschaften des Rohwassers in den primären Körpern vermindert worden sind.

Füllkörperabflüsse sind fäulnisunfähig. Bei Vornahme der Fäulnisprobe tritt eine völlige Klärung der Abflüsse ein; es ist, wie wenn sich dabei ein Schleier von oben nach unten zu senken würde. Geringe Eisenmengen, die sich unter Luftzutritt auszuscheiden beginnen, bedingen diese Klärung, die in dem neu entstandenen Boden-

erschiedener biologischer Körperabflüsse.

des unfiltrierten sind enthalten mg			In 1 Liter des filtrierten Wassers sind enthalten mg												werden verbraucht mg Kaliumpermanganat	Anzahl der entwicklungsfähigen Keime in 1 ccm
Schwefelwasserstoff (H_2S)	Sauerstoff		Abdampfrückstand		Chlor (Cl)	Stickstoff					Kalk (CaO)	Eisen (Fe_2O_3)	Schwefelsäure (SO_3)	Phosphorsäure (P_2O_5)		
	bei der Entnahme	nach 48-stünd. Bebrütung bei 22° C	Gesamt	Glühverlust		Gesamt-	Nitrat-	Nitrit-	Ammoniak-	organischer						
nicht nachweisbar	—	—	1845	488	354	97	15,2	Spuren	54,6	27,2	180	Spuren	—	55	369	—
do.	—	—	1212	272	230	73	27	1	38	7	140	do.	—	—	194	5,6 Millionen
do.	—	—	987	151	186	48	14,6	0,8	24,4	8	—	—	—	—	118	1,3 Millionen
do.	1,8	0,8	658	143	122	29,7	22	0,3	3,4	4	—	0,5	—	—	66	—
do.	—	—	—	—	282	160	41		58	61	—	—	—	—	421	—
do.	6,1	4,6	—	—	240	42	12,0		26	4	—	—	—	—	119	—
do.	8,2	6,3	590	80	72	15,4	9,1		3,5	2,8	—	—	—	—	89	—

satze[1]) zusammen mit den passiv mit niedergerissenen Stoffen (Phosphaten, Seifen usw.) nachgewiesen werden können. Die vorhandenen Nitrate und der Sauerstoff nehmen entweder gar nicht oder nur wenig ab. Die Methylenblauprobe bleibt unverändert. Fische können im allgemeinen erst nach erfolgter Lüftung des Wassers, oder wenn man es mit gleichen Teilen reinen Wassers vermischt, in ihm mit Behagen leben. Füllkörperabflüsse sind kolloidarm; durch Filtrierpapier gehen sie oft hindurch wie reines Flusswasser.

Typische Tropfkörperabflüsse (vergl. Tabelle VIII) sind scheinbar trübe bis stark trübe. Im durchfallenden Lichte sieht man aber, dass in einer völlig klaren Flüssigkeit grosse Mengen suspen-

1) Ein Teil der bei der Aufbewahrung sich ausscheidenden Stoffe bildet einen Belag an den Gefässwandungen.

dierter Stoffe vorhanden sind, die teils direkt, teils nach erfolgter Abtötung mit Formalin (das Plankton) zur Abscheidung gebracht werden können. Die Schwebestoffe sind praktisch frei von Schwefeleisen und Eisenoxyd. Die Farbe und der Geruch typischer Tropfkörperabflüsse sind die gleichen wie bei typischen Füllkörperabflüssen. Die Durchsichtigkeit der Wässer ist dagegen eine wesentlich geringere. Tropfkörperabflüsse reagieren alkalisch bis schwach alkalisch; sie sind reich an Sauerstoff. Nitrate sind, der Art ihrer Auswaschung entsprechend, in stark wechselnden Mengen nachzuweisen; je gleichmässiger ein Tropfkörper mit Abwasser übergossen wird, um so vollkommener werden die Nitrate ausgewaschen und um so niedriger liegen im allgemeinen die absoluten Nitratwerte.

Typische Tropfkörperabflüsse sind fäulnisunfähig, gleichgültig ob die Fäulnisprobe mit den Schwebestoffen oder ohne diese Stoffe angestellt worden ist. Der Sauerstoffgehalt und die Nitrate bleiben bei der Aufbewahrung der Probe im grossen und ganzen in gleicher Höhe wie bei ihrer Entnahme nachweisbar. Die Methylenblauprobe ergibt ebenfalls Fäulnisunfähigkeit der Abflüsse. In Tropfkörperabflüssen können Fische ohne weiteres meistens leben, sofern die ungelösten Stoffe vorher aus ihnen entfernt worden sind[1]). Wegen ihrer Kolloidarmut filtrieren Tropfkörperabflüsse durch Filtrierpapier ebenso gut wie Füllkörperabflüsse.

Nichtnormale Abflüsse aus künstlichen biologischen Anlagen, die entweder überlastet sind, schlecht betrieben werden oder bauliche Fehler aufweisen, zeigen (vgl. Tabelle IX), so wie sie anfallen, schon hinsichtlich ihres Geruches Abweichungen von typischen Abflüssen; sie riechen nicht erdig oder modrig, sondern kohlartig; schlechte Abflüsse riechen faulig, noch schlechtere nach Schwefelwasserstoff, wobei das Auftreten von Schwefeleisen ohne gleichzeitiges Auftreten von freiem Schwefelwasserstoff eine Zwischenstufe darstellt. Die gelbliche Farbe des Wassers kann dabei einen Stich ins Grüne (bei wenig Schwefeleisen) erhalten; schliesslich kann der Abfluss auch schwärzlich verfärbt (bei viel Schwefeleisen) und auch der Bodensatz kann durch Schwefeleisen schwarz gefärbt sein.

---

1) Nach Clark und Adams (Studies of Fish Life and Water Pollution. 1912. 8. Int. Congr. of Applied Chemistry. Vol. 26. p. 199) leben Fische ohne Unbehagen in Füll- und Tropfkörperabflüssen, sofern die ersteren mit 50 pCt., die letzteren mit 25 pCt. reinem Wasser verdünnt worden sind.

Tabelle IX. **Uebersicht über die Leistung künstlicher biologischer Anlagen.**

	Geruch[1]	Schwefelwasserstoff[1]	Fäulnisprobe	Ungelöstes[1]		Nitrate[1]	Eisen[1]	Reinigungserfolg nach d. Kaliumpermanganatverbrauch beurteilt in pCt.
Normale biologische Abflüsse	geruchlos, erdig, moorig, modrig	nicht nachweisbar	negativ	Füllkörperabflüsse wenig, Tropfkörperabflüsse viel	Schwebestoffe	nachweisbar oder nichtnachweisbar	Eisenoxyd u. Schwefeleisen praktisch fehlend	60 und mehr
Gerade noch genügende biologische Abflüsse	kohlartig	do.	im filtrierten Wasser negativ, im unfiltrierten Wasser positiv	Füllkörperabflüsse mässige, Tropfkörperabflüsse mässige	Mengen	nicht nachweisbar	Eisenoxyd reichlich oder Schwefeleisen nur in geringen Mengen vorhanden	etwa 30—40
Schlechte biologische Abflüsse	faulig, nach Schwefelwasserstoff	nachweisbar	positiv	Füllkörperabflüsse viel, Tropfkörperabflüsse wenig	Schwebestoffe	do.	Schwefeleisen reichlich vorhanden	unter 30

Für nichtnormal arbeitende biologische Körper, die mit fauligem Abwasser beschickt werden, ist das Auftreten von Schwefeleisen charakteristisch; überlastete, mit frischem Wasser beschickte biologische Körper enthalten dagegen in ihren Abflüssen oft grössere Eisenoxydmengen, die dann beim Stehen der Probe gelbbraune, flockige Niederschläge bilden. Das Eisen hat in dem biologischen Körpermaterial seinen Ursprung. Das in derartigen Körpern unter normalen Verhältnissen vorhandene Eisenoxyd, das als Sauerstoffüberträger wertvolle Dienste leistet, geht in nichtnormal arbeitenden Körpern nach voraufgegangener Reduktion mit Hilfe der vorhandenen freien Kohlensäure als Eisenoxydul in Lösung, wird ausgeschwemmt und scheidet sich bei der Aufbewahrung des Abflusses unter Sauerstoffaufnahme als Eisenhydroxyd wieder ab.

Nichtnormale Abflüsse sind bei der Entnahme mehr oder weniger sauerstoff- und nitratfrei; sind die Abflüsse in dem letzten Falle fäulnisunfähig, so kann der Reinigungserfolg gerade noch als genügend bezeichnet werden. Faulen Tropfkörperabflüsse, die viele Schwebestoffe enthalten, im unfiltrierten Wasser bei Anstellung der Fäulnisprobe nach, zeigen aber im filtrierten oder sedimentierten Wasser

1) Bei der Probeentnahme ermittelt.

keine Schwefelwasserstoffbildung, so ist das Wasser als solches fäulnisunfähig und nur die Schwebestoffe sind fäulnisfähig. Auch in diesem Falle kann man noch die Abflüsse als an der Grenze der befriedigenden Beschaffenheit stehend ansehen. Schlechte Abflüsse sind dagegen im filtrierten und unfiltrierten Zustand fäulnisfähig und ergeben in beiden Fällen bei Anstellung der Fäulnisprobe Schwefelwasserstoffentwicklung. Unbefriedigend gereinigte Abwässer entfärben Methylenblau vollständig; grüne Töne treten auf, wenn gerade noch genügend gereinigte biologische Abflüsse vorliegen.

Schlechte Reinigungserfolge machen sich naturgemäss in der prozentualen Abnahme des Ammoniaks, des organischen Stickstoffs und des Kaliumpermanganatverbrauches bemerkbar, die aber mit den übrigen Beobachtungen nicht immer konform zu gehen brauchen. Die in Tabelle IX gegebenen Zahlenwerte dürfen deshalb auch nur als Annäherungswerte angesehen werden, die man nie allein, sondern nur unter Berücksichtigung der übrigen Ermittelungen in der Praxis zur Anwendung bringen darf.

Enthalten Tropfkörperabflüsse dauernd wenig Schwebestoffe, so verschlammt der Tropfkörper; enthalten Füllkörperabflüsse viele Schwebestoffe, so wird der Körper z. B. zu rasch entleert und zu viele Schwebestoffe werden dabei mitfortgerissen. Beides ist nicht normal und darf in normal konstruierten und richtig betriebenen biologischen Anlagen nicht vorkommen. In derartigen Fällen wird man sich die biologischen Körper selbst, auch mikroskopisch, genau ansehen und den Grad ihrer Verschlammung und die Schlammbeschaffenheit selbst ermitteln.

Normale biologische Füllkörper müssen einen (auf Filtrierpapier) gut drainierbaren Schlamm von braunschwarzer Farbe und kräftig modrigem Geruch enthalten, der fäulnisunfähig ist und frei von nennenswerten Schwefeleisenmengen; überarbeitete Füllkörper enhalten durch Schwefeleisen glänzend schwarz gefärbten Schlamm, der übel riecht und fäulnisfähig ist. Normale Tropfkörper sind praktisch schlammfrei; verschlammte Tropfkörper können sowohl fäulnisunfähigen wie fäulnisfähigen Schlamm enthalten, was aber beides als nichtnormal bezeichnet werden muss. Kräftig auf der Materialoberfläche entwickelte Zoogloeenhäute stellen keine Verschlammung in dem ebenerwähnten Sinne dar. Diese Häute lösen sich teils von selbst ab, teils frieren sie ab; sie können auch durch Chlorkalklösung zum Absterben und damit zur Abschwemmung gebracht werden.

Die betriebstechnische Kontrolle von künstlichen biologischen Anlagen umfasst

1. die Kontrolle der Vorreinigung (s. S. 40, 43 u. 49),
2. die Kontrolle der biologischen Körper; bei dieser ist festzustellen:
   a) die quantitative Leistungsfähigkeit der einzelnen Körper eventl. durch selbstregistrierende Messvorrichtungen;
   b) die Fäulnisfähigkeit der Abflüsse an Durchschnittsproben;
   c) der Nitratgehalt der Abflüsse an Durchschnittsproben;
   d) die Menge der absetzbaren Schwebestoffe an Durchschnittsproben;
   e) das Auftreten und die Verbreitung unangenehmer Gerüche und von Fliegen in ihren Beziehungen zu den Witterungsverhältnissen;
3. die Kontrolle der Nachreinigung, also der Absitzanlagen (s. S. 40) und der Fischteiche (s. S. 52).

Die wissenschaftliche Kontrolle von künstlichen biologischen Anlagen hat schon vor Errichtung der Anlage und zwar durch Prüfung der Geeignetheit des zum Aufbau der biologischen Körper Verwendung findenden Materials einzusetzen. Wird eine derartige Untersuchung unterlassen, so sind Misserfolge unvermeidlich; manche gerichtlich ausgetragenen Klagen hätten vermieden werden können, wenn das biologische Körpermaterial vor seiner Verwendung einer physikalischen und chemischen Prüfung unterzogen worden wäre.

Die Untersuchung des Körpermaterials hat hierbei nach den Grundsätzen der Bodenanalyse zu erfolgen[1]). Unter anderem sind zu ermitteln:

1. die Korngrösse des Materials mittels des Knopschen Siebsatzes;
2. die Widerstandsfähigkeit des Materials in physikalischer Beziehung, gegen Bruch, Zerkleinerungsmöglichkeit, Zerreibbarkeit usw.;
3. die Zusammensetzung des Materials: auf Kalk, Eisen, Mangan, Sulfide, Karbonate usw.;
4. die Einwirkung chemischer Agenzien auf das gepulverte Material: von kohlensäurehaltigem Wasser, von verdünnter Salzsäure usw. Dabei ist auf das Auftreten von Gasen und auf deren Zusammensetzung (H_2S, CO_2) zu achten.

---

1) König, J., Untersuchung landwirtschaftlich und gewerblich wichtiger Stoffe. 4. Aufl. S. 1. Parey-Berlin.

Zum Aufbau biologischer Körper ist übrigens jedes Material geeignet, das hart und widerstandsfähig ist, eine grobblasige Beschaffenheit aufweist und einen gewissen, nicht zu hohen (bis etwa 10 pCt. betragenden) Eisengehalt besitzt.

Die wissenschaftliche Kontrolle erstreckt sich ausser auf die bereits vermerkten betriebstechnischen Beobachtungen u. a. auf die Ermittelung

a) der Fäulnisfähigkeit der Abflüsse aus einzelnen Körpern durch Anstellung der Fäulnis- und der Methylenblauprobe; bei Tropfkörperabflüssen ist im unfiltrierten und im filtrierten oder event. sedimentierten Wasser zu untersuchen;
b) die Art der Auswaschungen der Sedimente und der Nitrate bei einzelnen Körpern (beim Tropfverfahren);
c) die Zusammensetzung des Gesamtabflusses an der Hand von Durchschnittsproben ist festzustellen (nach Beispiel B 1—3 auf S. 17 u. 18); ferner
d) die Menge der praktisch ausscheidbaren und nicht ausscheidbaren ungelösten Stoffe im Gesamtabfluss;
e) der Sauerstoffgehalt und die Sauerstoffzehrung im Gesamtabfluss;
f) die Beschaffenheit des biologischen Körpermaterials (Farbe und Geruch) und der Grad seiner event. Verschlammung durch Aufgraben. Verschlammtes Material ist zu entschlammen und der Schlamm event. nach Schema C 3 (S. 18) zu untersuchen. Bezüglich der Zusammensetzung des erhaltenen Schlammes sei auf Dunbar und Thumm[1]) verwiesen.

7. Die Betriebskontrolle von natürlichen biologischen Anlagen.

Natürliche biologische Anlagen erstreben eine vollständige Reinigung der Abwässer in physikalischer, chemischer und bakteriologischer Hinsicht, und zwar auf natürlichen Landflächen, teils mit, teils ohne gleichzeitige landwirtschaftliche Ausnutzung. Das Abwasser wird dabei teils über die Oberfläche des Geländes mit Schläuchen versprengt (Schlauchberieselung, Eduardsfelder Verfahren oder Benöbelung), oder die Landoberfläche wird nach Art der Wiesenberieselung wild mit dem Abwasser überrieselt (wilde Berieselung),

---

1) Beitrag zum derzeitigen Stande der Abwasserreinigungsfrage. S. 117. München und Berlin 1902. R. Oldenbourg.

teils wird es auf aptierten und gegebenenfalls drainierten Ländereien planmässig aufgestaut, sowohl mit (normales Rieselverfahren) als auch ohne gleichzeitige landwirtschaftliche Ausnutzung des Grund und Bodens (konzentriertes Rieselverfahren, intermittierende Bodenfiltration). Endlich bringt man das Abwasser im Untergrunde planmässig zur Versickerung (Untergrundberieselung), wobei die Landoberfläche für die landwirtschaftliche Nutzung wieder frei ist.

Schlauchberieselung, wilde Rieselei, normales Rieselverfahren, intermittierende Bodenfiltration und Untergrundberieselung sind die verschiedenen Durchbildungsarten der natürlichen biologischen Anlagen. Ihrem Wesen nach sind sie als Tropfkörper anzusehen, denen das Abwasser bei intermittierender Zuführung zur Bodenoberfläche (bei sämtlichen Verfahren mit Ausnahme der Untergrundberieselung) oder zum Untergrunde (bei der Untergrundberieselung), teils unbehandelt (bei der Schlauchbehandlung, bei der wilden Rieselei und beim normalen Rieselverfahren), teils entschlammt und entfettet (beim normalen Rieselverfahren, bei der intermittierenden Bodenfiltration und bei der Untergrundberieselung) zu seiner Beseitigung oder Reinigung überantwortet wird.

Die Schlauchberieselung, die wilde Rieselei, die Untergrundberieselung und die nur eine Aptierung, aber keine Drainierung zeigenden Rieselverfahren besitzen natürlich keine Rieselfeldabflüsse; bei diesen Verfahren verdunstet das Abwasser oder dient der Bodenbefeuchtung oder wird dem Grundwasser zugeführt. Drainierte Rieselfelder (beim normalen Rieselverfahren, bei der Bodenfiltration) haben dagegen Rieselfeldabflüsse, deren Nachbehandlung[1]) in Fischteichen gegebenenfalls in Frage kommen und von Vorteil sein kann.

Eine normale Rieselanlage oder eine intermittierende Bodenfilteranlage besteht am vorteilhaftesten aus einer Vorreinigung, aus der aptierten und drainierten natürlichen biologischen Anlage und aus einer Fischteichanlage zur Nachbehandlung; eine normale Untergrundberieselung, die aber nur für kleine Abwassermengen in Frage kommt, besteht aus einer Vorreinigung und aus einer im Untergrund verlegten Versickerungsdrainage. Die Vorbehandlung und die eventuelle Nachbehandlung der Abwässer erfolgt dabei nach den auf den Seiten 36, 46 und 50 gegebenen Gesichtspunkten. Bei grösseren natürlichen

1) Rieselfeldabflüsse werden gelegentlich auch anderen Landflächen, versuchsweise z. B. auf den Berliner Rieselfeldern, zu nochmaliger Behandlung überwiesen.

biologischen Anlagen ist weiter zu empfehlen, durch Einrichtung künstlicher biologischer Verfahren Reserven zu schaffen, da diese die natürlichen biologischen Anlagen in wertvoller Weise zu entlasten vermögen und deren wirtschaftliche Ausnutzung besser möglich machen.

Ueber die Beziehungen der verschiedenen natürlichen biologischen Verfahren zueinander, zu dem künstlichen biologischen Verfahren und zu dem Absitzverfahren in Hinsicht auf die benötigten Landflächen vergl. die Tabelle X. Je nach der Bodenbeschaffenheit, je nachdem das Füll- oder das Tropfverfahren Anwendung findet, je nach der Art des Absitzverfahrens bestehen im einzelnen naturgemäss grosse Verschiedenheiten. Sofern die gegebenen Zahlen schematisch aber nicht benutzt werden, bietet die Tabelle eine praktisch wertvolle Uebersicht. Ferner sei bemerkt, dass Fischteiche, denen mechanisch entschlammte Abwässer zugeführt werden (s. S. 50), nach der Ansicht von Hofer etwa ebenso leistungsfähig sind wie die intermittierende Bodenfiltration, und dass bei einer Untergrundberieselung, die aber nur für die Behandlung kleiner Abwassermengen in Frage kommen kann, für 10 Einwohner (= 1 cbm täglichem Abwasser) etwa 150 bis 300 qm Versickerungsfläche vorzusehen sind[1]).

Ueber Anlage und Betrieb von natürlichen biologischen Anlagen unterrichten u. a. die Veröffentlichungen von Friedrich[2]), König[3]) und Dunbar[4]); technisch übersichtlich behandelt diese Frage Gerhardt[5]) (Berlin).

Die Leistung der natürlichen Rieselfeldanlagen erstreckt sich an erster Stelle auf die Beseitigung der Fäulnisfähigkeit des Abwassers und auf die Zurückhaltung der Bakterienkeime. Bei zahlreichen Durchbildungsarten des natürlichen biologischen Verfahrens, wie z. B. bei der Schlauchberieselung, bei der wilden Rieselei und oftmals auch bei dem normalen Rieselverfahren, erfolgt gleichzeitig noch die Ausscheidung der ungelösten Stoffe; mit der Erzielung

1) Thumm, K., Abwasserbeseitigung bei Gartenstädten, bei ländlichen und bei städtischen Siedelungen. Berlin 1913, August Hirschwald. S. 28 u. 34.

2) Friedrich, A., Kulturtechnischer Wasserbau. 3. Aufl. Berlin, Parey.

3) König, J., Die Verunreinigung der Gewässer. Berlin 1899, Springer. Bd. 1 u. 2.

4) Dunbar, Leitfaden für die Abwasserreinigungsfrage. 2. Aufl. München und Berlin 1912, R. Oldenbourg.

5) Kalender für Wasser- und Strassenbau- und Kulturingenieure. Wiesbaden, J. F. Bergmann.

abelle X. **Uebersicht über die bei den natürlichen und beim künstlichen biologischen Verfahren nd beim Absitzverfahren zur Unterbringung der Abwässer erforderlichen — in abgerundeten Zahlen gegebenen — Landflächen.**

Art des Verfahrens	Auf 1 ha Land oder in einer auf 1 ha Land untergebrachten Anlage können täglich behandelt werden:		Verhältnis der zur Unterbringung der Abwässer erforderlichen Landflächen,		Bemerkungen
	cbm Abwasser	die Abwässer v. Einwohnern	die Schlauchberieselung	das normale Rieselverfahren	
			als Einheit angenommen		
ei der Schlauchberieselung	1,2	12	1	0,05	Ohne Vorbehandlung
ei der wilden Rieselei	12	120	10	0,5	Ohne Vorbehandlung
eim normalen Rieselverfahren	25	250	20	1	Ohne Vorbehandlung
ei der intermittierenden Bodenfiltration .	250	2500	200	10	Mit Vorbehandlung
eim künstlichen biologischen Verfahren .	2500	25 000	2000	100	Beim Tropfverfahren
eim Absitzverfahren .	7500	75 000	6000	300	Frischwasserkläranlage mit getrennter Schlammzersetzung

fäulnisunfähiger Abwässer wird die Schlammfrage also noch mitgelöst. Bei der intermittierenden Bodenfiltration, bei der Untergrundberieselung und in zahlreichen Einzelfällen beim normalen Rieselverfahren bleibt dagegen die Lösung der Schlammfrage bestehen, da bei diesen Verfahren das Abwasser den natürlichen Landflächen erst nach voraufgegangener Vorbehandlung zugeführt wird. Sind genügend grosse Landflächen zur Unterbringung des Schlammes im Wirtschaftsplane vorgesehen, so ist die Lösung der Schlammfrage hier aber eine verhältnismässig einfache.

Bei den natürlichen biologischen Verfahren ist die Beseitigung der fäulnisfähigen Substanzen im Sommer eine vollkommene und meistens eine weitergehende als bei den künstlichen biologischen Verfahren. Im Winter, bei Eisbildung, leisten dagegen die natürlichen biologischen Anlagen im allgemeinen nicht so Gutes wie die künstlichen biologischen Verfahren. Die Vorflutgräben zeigen nämlich öfter die Entwicklung von Abwasserpilzen oder eine erhöhte Eisenausscheidung, was bei richtig betriebenen künstlichen biologischen Anlagen nicht vorzukommen pflegt, obgleich die Leistungsfähigkeit dieser Anlagen im Winter, prozentual ausgedrückt, gleichfalls geringer ist als in der wärmeren Jahreszeit. Da Rieselfeldabflüsse teils infolge des auf die ausgedehnten Landflächen niedergehenden Regens, teils durch das Grundwasser des Bodens selbst oft weitgehend verdünnt werden, sollte der durch natürliche biologische Anlagen erzielte Reinigungserfolg nie in Prozenten angegeben, sondern die bei der Untersuchung erhaltenen Werte sollten nur als solche beurteilt werden. Das Gleiche gilt naturgemäss für den erreichten bakteriologischen Erfolg, bei dem noch zu berücksichtigen ist, dass die in den Abflüssen enthaltenen Keime keineswegs nur einen Bruchteil der durch das Land hindurchgegangenen Keime darstellen, sondern zum Teil auch aus dem Boden selbst stammen, und aus diesem ausgeschwemmt worden sind. Im Vergleich zu den künstlichen biologischen Anlagen ist der durch natürliche biologische Anlagen erzielte Reinigungserfolg in bakteriologischer Beziehung ein verhältnismässig weitgehender. Nach den Ermittelungen der englischen Königlichen Abwasserkommission können aber immer noch sämtliche Rohwasserarten — Bacterium coli, Bacillus enteritidis sporogenes (Klein) und Streptokokken — in den Abflüssen nachgewiesen werden.

Natürliche biologische Anlagen bedürfen einer gewissen Einarbeitungszeit, ehe ihre normale Leistung erreicht ist. Im Sommer geht die Einarbeitung, der höheren Temperatur zufolge, erheblich

Tabelle XI. **Beispiele über die Zusammen-**

Bezeichnung	Aeussere Beschaffenheit					Fäulnisprobe	Methylenblauprobe (nach 6 Stunden)	Reaktion	In 1 Liter Wassers	
	Klarheit	Durchsichtigkeit in cm	Farbe	Geruch	Ungelöstes (Menge, Farbe usw.)				Ungelöste Stoffe	
									Gesamt	Glühverlust
Konzentrierter Rieselfeldabfluss	fast klar	über 20	gelblich	modrig	mässig, gelblich-grau	negativ	negativ	alkalisch	—	—
Rieselfeldabfluss von mittlerer Konzentration	opaleszierend	14	schwach gelblich	do.	wenig, gelblich	do.	do.	do.	12,7	8
Dünner Rieselfeldabfluss	klar	über 30	sehr schwach gelblich	erdig	Spuren	do.	do.	schwach alkalisch	—	—
Konzentrierter Abfluss bei intermittierender Landbehandlung	fast klar	20	gelb	etwas dumpf	mässig, gelbe Flocken	do.	do.	alkalisch	52	18

schneller vor sich, als in der kälteren Jahreszeit. Eine natürliche biologische Anlage ist eingearbeitet, wenn sie fäulnisunfähige Abflüsse liefert, die Nitrate enthalten.

Typische Abflüsse von normalen Rieselanlagen und von intermittierend betriebenen Bodenfilteranlagen (vergl. Tab. XI) sind fast stets klar und blank. Da sie mit reinen Wässern oft weitgehend verdünnt sind, sind sie meistens farbloser als z. B. die Abflüsse von künstlichen biologischen Anlagen. Landabflüsse riechen teils erdig, teils modrig oder moorig und enthalten — im Gegensatz zu den aus den künstlichen Tropfkörpern stammenden Abflüssen (s. S. 59) — meistens nur geringe Schwebestoffmengen; ihre Durchsichtigkeit ist eine verhältnismässig grosse. Die Abflüsse reagieren alkalisch, sauer oder amphoter. Sauerstoff und Nitrate sind reichlich vorhanden.

Bei typischen Landabflüssen verläuft die Fäulnis- und Methylenblauprobe negativ. Landabflüsse lassen öfter bei ihrer Aufbewahrung die Entstehung eines Schleiers beobachten, wie dies für viele Füllkörperabflüsse charakteristisch ist (s. S. 58). In normalen Landabflüssen ist die Sauerstoffzehrung eine geringe, und die Nitrate nehmen bei der Bebrütung nur wenig ab. Fische leben in Landabflüssen ohne weiteres mit Behagen.

etzung verschiedener Landabflüsse.

les unfiltrierten ind enthalten mg			In 1 Liter des filtrierten Wassers sind enthalten mg												werden verbraucht mg Kaliumpermanganat ($KMnO_4$)	Anzahl der entwicklungsfähigen Keime in 1 ccm
Schwefelwasserstoff (H_2S)	Sauerstoff		Abdampfrückstand		Chlor (Cl)	Stickstoff					Kalk (CaO)	Eisen (Fe_2O_3)	Schwefelsäure (SO_3)	Phosphorsäure (P_2O_5)		
	bei der Entnahme	nach 48-stünd. Bebrütung bei 22° C	Gesamt	Glühverlust		Gesamt-	Nitrat-	Nitrit-	Ammoniak-	organischer						
nicht nachweisbar	—	—	1087	128	269	20,5	12,4	Spuren	5	3	—	0,5	—	3	49	—
do.	5,3	3,7	671	79	133	17,6	7,8	do.	5,6	4,2	97,6	Spuren	17,3	—	43	27000
do.	8,7	4,6	169	—	11	10,2	9	0,4	0,7	0,1	—	0,1	—	Spuren	6	2542
do.	—	—	—	—	230	26	6	Spuren	15	5	—	1,8	—	6	115	—

Landabflüsse sind kolloidarm und von normalen Flusswässern in bezug auf diesen Punkt im grossen und ganzen nicht zu unterscheiden.

Der Keimgehalt typischer Landabflüsse ist ein verhältnismässig niedriger; in günstigen Fällen enthält 1 ccm Drainagewasser nur einige Tausend Bakterienkeime.

Die Ueberlastung natürlicher biologischer Anlagen zeigt sich in dem Auftreten grösserer Eisenmengen in den Drainagewässern, in der Abnahme und in dem Verschwinden der Nitrate aus den Abflüssen und in dem Auftreten von Abwasserpilzen in den Vorflutgräben. Weiter können im grossen und ganzen alle die Verhältnisse in die Erscheinung treten, wie sie bei dem künstlichen biologischen Verfahren als Zeichen der Ueberlastung des Näheren geschildert worden sind.

Die betriebstechnische Kontrolle umfasst — bei entsprechender Anwendung für die einzelnen Durchbildungsarten der Landbehandlung —:

a) die Ermittlung der den Landflächen zugeführten Abwassermengen;
b) den Rieselbetrieb an der Hand der Betriebsbücher;
c) die Beobachtung des Grundwasserstandes auf dem Rieselgelände;
d) die Beobachtung der Rieselabflussgräben auf eventuelle Eisenausscheidung und Pilzentwicklung;
e) die Prüfung auf das Auftreten unangenehmer Gerüche, auf Fliegen-, Ratten- und Mäuseplage.

Hierzu käme gegebenenfalls die Kontrolle der Vorreinigungsanlage (S. 40 und 49) und der Teichnachbehandlung (S. 52).

Bei den natürlichen biologischen Verfahren hat die wissenschaftliche Kontrolle — ebenso wie beim künstlichen biologischen Reinigungsverfahren — bereits vor Inbetriebnahme der Anlagen einzusetzen. Hierbei sind Bodenbeschaffenheit, Grundwasserstand und Grundwasserbewegung, sowie die Beschaffenheit des Grundwassers zu ermitteln und zwar nicht nur auf dem Rieselgelände selbst, sondern auch auf den benachbarten, die Rieselfelder umgebenden Ländereien.

Neben der betriebstechnischen Kontrolle ist nach Inbetriebsetzung der Anlage folgendes weiter zu ermitteln:

a) die Beschaffenheit des Rohabwassers an der Hand von Durchschnittsproben (nach Beispiel B 1—3 auf S. 17 und 18);

b) die Fäulnisfähigkeit der Abflüsse aus einzelnen Beeten oder Filtern durch Anstellung der Fäulnis- und Methylenblauprobe;
c) der Nitratgehalt der Abflüsse aus einzelnen Beeten oder Filtern;
d) die Zusammensetzung des Gesamtabflusses an der Hand von Durchschnittsproben (nach Beispiel B1—3 auf S. 17 und 18);
e) die Menge der praktisch ausscheidbaren und nicht ausscheidbaren ungelösten Stoffe im Gesamtabflusse an Durchschnittsproben;
f) der Sauerstoffgehalt und die Sauerstoffzehrung des Gesamtabflusses;
g) die Beeinflussung des Grundwassers ist chemisch und bakteriologisch zu ermitteln; ferner ist
h) die planmässige biologische Untersuchung der Rieselgräben vorzunehmen und
i) der Keimgehalt und der Gehalt an Bacterium coli im Gesamtabfluss festzustellen;
k) die auf den Ländereien eventuell abgelagerten Schlickmassen und der Boden selbst sind u. a. auf Fett (Neutralfett, sowie Fettsäuren und Seifen) zu prüfen;
l) die Trinkwasserverhältnisse und der Gesundheitszustand der Wärter und Arbeiter auf den Rieselfeldern sind zu kontrollieren.

Je nach den Verhältnissen des Einzelfalles hat sich hieran die Kontrolle der Vor- und Nachreinigungsanlage anzuschliessen.

8. Die Betriebskontrolle von Schlammzersetzungsanlagen.

Auf den Schlammanfall im einzelnen und auf die besondere, bei den verschiedenen Verfahren geübte Art der Schlammbehandlung (Kompostierung, Pressung, Zentrifugieren, Plattenfilterverfahren usw.) soll hier nicht näher eingegangen werden[1]); der Umfang der jeweiligen betriebstechnischen Kontrolle ist ja im vorstehenden an anderen Stellen bereits erwähnt worden, und auch die wissenschaftliche Kontrolle bietet keine besonderen Schwierigkeiten. Die Untersuchung des Schlammes und seines Wassers ist nach den unter C1—3 (S. 18) bzw. B1—3 (S. 17 und 18) gegebenen Beispielen auszuführen.

Besonders besprochen muss hier aber noch die Betriebskontrolle von Schlammzersetzungsanlagen werden, die den Zweck ver-

1) Vgl. u. a. Reichle, C., Die Behandlung und Reinigung der Abwässer. Dissertation. Leipzig 1910. Hirzel; ferner Spillner, F., Die Trocknung dse Klärschlammes. Mitteil. a. d. Kgl. Prüfungsanstalt f. Wasserversorg. 1910. H. 14.

folgen, auf dem Wege der Fäulnis fäulnisfähigen Schlamm mehr oder weniger fäulnisunfähig und vor allem leicht drainierfähig zu machen, ohne dass die Schlammzersetzungsanlage selbst oder der aus derselben ausgestossene Schlamm zu Geruchsbelästigungen Veranlassung gibt. Der der Zersetzung dienende Schlammraum ist hierbei entweder[1]) unter dem Absitzraum (s. S. 36) angeordnet und steht mit diesem durch offene Schlitze in Verbindung, so dass der Schlamm automatisch in den Schlammraum gelangen kann (Emscherbrunnen, Travisanlagen, Kremer-Faulbrunnen, Stiagbrunnen, Spreebrunnen, Busbrunnen usw.), oder der Schlammzersetzungsraum ist vollständig abgetrennt und seitlich vom Schlammraum angeordnet, aus dem der Schlamm periodisch in denselben abgelassen oder gepumpt wird (Konstruktion Förster, Kremer, Mondrion, Neustadter Schlammbecken usw.). Die erwähnten Verfahren sind die besonderen Durchbildungsarten der Schlammzersetzungsanlagen.

Die in Schlammzersetzungsanlagen die Umwandlung bewirkende Fäulnis ist ein biochemischer, auf bakterieller Grundlage beruhender Prozess, bei dem, der Abwasserbeschaffenheit entsprechend (vgl. Tabelle XII), zwei scharf zu trennende, in gewissem Sinne antagonistisch wirkende Zersetzungsvorgänge unterschieden werden müssen und zwar:

1. der zu alkalischen Endprodukten führende Stickstoffabbau der Eiweissstoffe und des Harnstoffs und
2. die zur Bildung organischer Säuren Veranlassung gebende Zersetzung der Kohlehydrate.

Bei beiden Vorgängen wird Kohlensäure gebildet; bei der Zersetzung der Eiweissstoffe entstehen ausserdem noch Schwefelwasserstoff und andere übelriechende Produkte; bei der Zersetzung der Kohlehydrate entweichen Methan und Wasserstoff (bei der Zellulosegärung) oder auch Wasserstoff allein (bei der Zersetzung von Stärke und Zucker). Kohlensäure, Stickstoff[2]), Schwefelwasserstoff und andere stinkende Produkte, ferner Methan und Wasserstoff sind also die

---

1) Thumm, K. und C. Reichle, Feststellungen und Erfahrungen bei Emscherbrunnen und verwandten Abwasserbeseitigungsverfahren. Mitteil. a. d. Kgl. Landesanstalt f. Wasserhygiene. 1914. H. 18.

2) Nach der jetzt allgemein herrschenden Ansicht soll freier N bei der eigentlichen Fäulnis nicht gebildet werden, und dieser nur aus Nitraten, wenn diese in den Fäulnisgemischen vorhanden sind, durch Reduktion entstehen (s. Kruse, l. c. S. 560; vergl. auch die von Kruse erwähnten Ausnahmen).

Tabelle XII. Uebersicht über die bakterielle Zersetzung einiger [illegible]

Abwasserbestandteile		Bei mangelndem oder fehlendem Sauerstoff gebildete Zersetzungsprodukte; gasförmig		Name einiger, die Zersetzung hervorrufender Bakterienarten	Bemerkungen
im allgemeinen	im besonderen	meistens nicht	mehr oder weniger vollständig oder nur zum Teil		
		entweichende Produkte			
Stickstoffhaltige Abwasserbestandteile	Eiweissstoffe, Albuminoide, Leim, Fibrin usw.	Ptomaine; Ammoniumbasen (Cholin); Phenol; Amidosäuren (Leucin, Tyrosin); Ammoniak	Schwefelwasserstoff, Kohlensäure, Indol, Skatol, Trimethylamin	Bact. vulgare (Proteus) Bact. fluoresc. liqu., Bac. fluoresc. putidus, Bac. putrificus, (spor. Klein)	Bei der bakteriellen Zersetzung entstehen alkalische Stoffwechselprodukte
	Harnstoff	Ammoniak, Kohlensäure } kohlensaures Ammonium	—	Micr. pyogenes, Bact. vulgare, manche Coliarten } fakultativ; Urobakterien	
	Hippursäure	Benzolsäure Glykokoll	—	—	
	Nitrate	Nitrit, Ammoniak	Stickstoff	zahlreiche Arten (Denitrifikation)	
Stickstofffreie Abwasserbestandteile	Sulfate	—	Schwefelwasserstoff	Microsp. desulfuric. (Bijerinck), Einige Organismen der Coligruppe	
	Cellulose	organische Säuren, Alkohole	a) Methan und Kohlensäure b) Wasserstoff und Kohlensäure	Methanbakterien, Wasserstoffbakterien	Bei der bakteriellen Zersetzung entstehen saure Stoffwechselprodukte.
	Stärke	organische Säuren	Wasserstoff, Kohlensäure	Verschiedene Coliarten	
	Zucker	organische Säuren (Milchsäure, Ameisensäure, Buttersäure usw.); Alkohole, Aldehyd und Aceton	Wasserstoff, Kohlensäure	Fast alle obligate und fakultativ anaerobe Bakterien	
	Fette	—	—	—	Die Fettzersetzung ist anscheinend an das Vorhandensein von Sauerstoff gebunden; unter Luftabschluss würden die Fette also durch Bakterien demnach nicht gespalten werden.

Faulraumgase, die bei der Schlammzersetzung entweichen können (s. auch Seite 46).

Bei den Verfahren der Schlammzersetzung können nun, ganz allgemein betrachtet, — je nach dem Mengenverhältnis zwischen Stickstoff und Kohlehydraten — drei Hauptfälle, die durch alle Uebergänge verbunden sein können, unterschieden werden.

(I) Ein starkes Ueberwiegen des Stickstoffabbaues führt zur Entstehung reichlicher Mengen stinkender Abbauprodukte (Schwefelwasserstoff) und zu stark alkalischen Flüssigkeiten. Dabei entweicht ein Teil der Kohlensäure in Gasform. Die in geringerer Menge vorhandenen Kohlehydrate werden unter Freiwerden von Methan und Wasserstoff zersetzt, und die gleichzeitig entstehenden organischen Säuren werden durch das beim Stickstoffabbau in grossen Mengen gebildete Ammoniak bequem gebunden[1]). In durchflossenen Faulräumen (S. 44) haben wir derartig gesteigerte Fäulnisvorgänge, bei denen also die Gärvorgänge mehr oder weniger unterdrückt sind.

(II) Ein verhältnismässig schwaches Ueberwiegen des Stickstoffabbaues hat die Bildung geringerer Mengen stinkender Produkte (Schwefelwasserstoff) und schwächer alkalisch reagierender Flüssigkeiten zur Folge. Es entweichen Kohlensäure und viel Methan und Wasserstoff, als Zeichen der gesteigerten Kohlehydratzersetzung. Da aber die Kohlehydrate, wie Th. Smith nachgewiesen hat, rascher zersetzt werden als die Stickstoffverbindungen, so können stickstoffreiche Flüssigkeiten infolge der schnell und deshalb zuerst[2]) gebildeten Säuren gelegentlich anfänglich sauer reagieren[3]); der langsamer einsetzende Stickstoffabbau kann diese Säuren später aber wieder binden, so dass dazu besondere säurebindende Stoffe nicht notwendig sind. In

---

1) Emmerling, O., Die Zersetzung stickstofffreier organischer Substanzen durch Bakterien. Braunschweig 1902, Vieweg & Sohn.

2) Vgl. auch Dunbar, Leitfaden. 2. Aufl. S. 202.

3) Vgl. u. a. Lehmann, K. B. und R. O. Neumann, Bakteriologische Diagnostik. 5. Aufl. S. 64. München, Lehmann; ferner insbesondere W. Kruse, Allgemeine Mikrobiologie (Leipzig 1910, Vogel), die über alles hier Interessierende ausgezeichnete Auskunft gibt. Siehe u. a. über Selbstvergiftung S. 156, über Fettspaltung S. 443, über Fäulnis S. 502, über gemischte Fäulnis S. 556, über Erreger der Fäulnis S. 562, über Fäulnis im Boden S. 569—573, über den Einfluss der Reaktion auf Fäulnis und Verwesung S. 575, über Sumpfgasbildung aus Essigsäure, Buttersäure, Pepton S. 592, über Vergärung des Harnstoffs S. 595, über Schwefelwasserstoffgärung S. 655.

Emscherbrunnen und anderen gleichwertigen Schlammzersetzungsanlagen müssen wir Fäulnisvorgänge, die zwar infolge der kräftiger einsetzenden Gärungserscheinungen teilweise gelähmt werden, immer aber noch in einem gewissen Uebermass vorhanden sind[1]), annehmen.

(III) Ein starkes Ueberwiegen des Abbaus der Kohlehydrate führt durch die im Uebermass gebildeten organischen Säuren zu deutlich sauer reagierenden Flüssigkeiten. Die in geringer Menge vorhandenen Stickstoffverbindungen bilden verhältnismässig nur wenig säurebindendes Ammoniak, und seine Menge reicht zur Bindung der Säure bei weitem nicht mehr aus. Die Flüssigkeiten bleiben deshalb sauer, sofern ihnen nicht besondere säurebindende Stoffe zugesetzt werden. In sauer reagierenden Schlammzersetzungsräumen finden sich derartig gesteigerte Gärungsvorgänge bei mehr oder weniger unterdrückter Fäulnis.

Wie alle auf biologischer Grundlage wirkende Anlagen haben sich Emscherbrunnen und die verwandten Schlammzersetzungsanlagen einzuarbeiten, ehe in ihnen normaler alkalischer, leicht drainierbarer Schlamm erhalten wird. Die Dauer und die Leichtigkeit der Einarbeitung hängt davon ab, ob der Schlammzersetzungsanlage frisches, schales oder fauliges Abwasser bzw. Schlamm (s. Seite 47) zugeführt wird. Sie geht bei frischem (stickstoffreichem, ammoniakarmem) Abwasser naturgemäss langsamer vor sich und ist nicht so leicht durchführbar wie bei schalem und fauligem (stickstoffarmem, ammoniakreichem) Wasser; in dem ersten Falle muss ja das die Säure bindende Ammoniak erst gebildet werden, das in den beiden anderen Fällen bei schalem und fauligem Wasser zur Bindung der organischen Säuren bereits schon vorhanden ist. Im ersten Falle kann es — infolge der geschilderten Abbauverhältnisse der Stickstoffverbindungen und der Kohlehydrate — gegebenen Falles sogar notwendig werden, säurebindende Stoffe zuzusetzen, damit normale, auf alkalischer Basis arbeitende Faulräume erhalten werden. Sache der Einarbeitung ist es, die Fäulnis mit allen Kräften[2]) zu fördern, auch wenn es

1) Bei der Darmfäulnis können wir bekanntlich in gewissem Sinne ganz analog verlaufende Vorgänge annehmen. Bact. coli, das die Kohlehydrate zersetzt, wirkt hier hemmend auf die Tätigkeit der N-abbauenden Fäulnisbakterien, des Bac. proteus und des Bac. putrificus (vgl. A. Fischer, Vorlesungen über Bakterien. 2. Aufl. S. 178. Jena 1903, Gustav Fischer).

2) Dieses ist cum grano salis zu verstehen; zu viel Alkali oder Ammoniak kann den Zerfall des Eiweisses und des Harnstoffs ja wieder hemmen (Kruse, l. c. S. 576).

dabei zunächst zu stinkenden Produkten (Fall I) kommen sollte; mit der fortschreitenden Ansammlung des meist kohlehydratreichen Schlammes kommt es dann später gewissermassen von selbst schon zu einer verminderten Fäulnis, wie man sie in gut bewirtschafteten, von Abwasser nicht durchflossenen Schlammzetzungsanlagen eben haben will.

In chemisch-technischer Beziehung vergleiche weiter Thumm und Reichle[1]). Stickstoffverbindungen und Kohlehydrate finden sich im übrigen sowohl im Abwasser wie im Schlamm. Das Abwasser ist meist stickstoffreich und kohlehydratarm. Bei dem Schlamm ist es meistens umgekehrt; das Wasser ist es also, auf das es der Hauptsache nach hier ankommt. Dabei ist zu beachten, dass frische stickstoffarme wie stickstoffreiche Abwässer im allgemeinen zu einer Säuerung neigen, die aber nur eine vorübergehende zu sein braucht. Das Vorhandensein gewerblicher, kohlehydratreicher Abwässer (Brauerei-, Stärkefabrikabwässer, Abwässer aus Konservenfabriken usw.) kann diese Säuerung zu einer dauernden machen; solche Wässer sind zur Behandlung in Schlammzersetzungsräumen im allgemeinen weniger gut geeignet, und die Notwendigkeit einer dauernden Verwendung von Zuschlägen ist alsdann nicht völlig ausgeschlossen. Manche gewerbliche Abwasserarten, wie z. B. Kokereiabwässer oder die Abwässer aus chemischen Fabriken, enthalten reichliche Mengen säurebindender Stoffe [z. B. Kalk oder Eisen[2])]; solche Wässer können unter Umständen die Einarbeitung des Schlammzersetzungsraumes wieder weitgehend fördern. Sache einer planmässigen, bis ins Einzelne gehenden Untersuchung ist es hier, im Einzelfalle richtig vorzugehen.

---

1) Fussnote 1 auf Seite 72.

2) Das Eisen geht dabei in analoger Weise wie im Boden als Ferrobikarbonat usw. in Lösung. Beim Vorhandensein von viel Eisen geht nur ein Teil desselben als FeS in den Schlamm, und der Rest verbleibt im Schlammwasser. Bei Anstellung des Schlammdrainierversuches auf Filtrierpapier (s. S. 19, Fussnote 1) färbt sich deshalb das ursprünglich praktisch klare und farblose Filtrat bald rostbraun. Das im Schlammraum als Eisenoxydul vorhandene Bikarbonat, Phosphat oder Humat ist an der Luft in Eisenoxyd übergegangen. Ist viel Eisen vorhanden, so ist in der Zeit der Einarbeitung, d. h. beim Vorhandensein von viel H_2S, der in den Schlammzersetzungsräumen befindliche Schlamm oft schwarz gefärbt, um später (bei fortschreitender Schlammerfüllung und Abnahme des H_2S-Gehaltes) eine mehr braune Farbe zu zeigen. Solcher Schlamm ist natürlich ebensogut wie schwarzer Schlamm, sofern er nur die sonstigen guten Eigenschaften (normale Drainierfähigkeit, praktische Geruchlosigkeit) aufweist.

Im Gegensatz zu durchflossenen Faulräumen, bei denen zur Erzielung guter mechanischer Reinigungserfolge die entstehenden Schwimmdecken möglichst zu erhalten sind, sollte in Schlammzersetzungsräumen eine umfangreichere Schwimmdeckenbildung eigentlich nie eintreten; entstehende Schwimmdecken sind so rasch wie möglich zu zerstören. Weiteren bei Schlammzersetzungsräumen beobachteten Betriebsschwierigkeiten, wie Schäumen oder Spucken des Schlammzersetzungsraumes, oder Hochkommen von Schwimmschlamm ist durch regelmässiges Schlammablassen zu begegnen. Schlammanhäufung über einen bestimmten Umfang hinaus bedingt unter allen Umständen die Notwendigkeit einer teilweisen Schlammherausnahme.

Die in Schlammzersetzungsanlagen anfallende Schlammenge beträgt pro Kopf und Tag etwa 0,1—0,2 l drainierfähigen Schlamm; von 100000 Einwohnern werden also täglich 10—20 cbm Schlamm erhalten. Bei einem durchschnittlichen Wassergehalt von 80 pCt. wären dies 2000—4000 kg wasserfreie Stoffe pro Tag und für 100000 Einwohner; das wären also, im grossen Durchschnitt gerechnet, ebensoviele wasserfreie Schlammstoffe wie beim Absitzverfahren (s. S. 37).

Der in normal arbeitenden Schlammzersetzungsanlagen entstehende, verhältnismässig wasserarme, spezifisch schwere und deshalb nach unten hin sich ausscheidende Schlamm besitzt eine durch Schwefeleisen bedingte tiefschwarze Farbe, reagiert alkalisch oder infolge der vorhandenen freien Kohlensäure amphoter, zeigt einen eigentümlichen, siegellackartigen Geruch, ist leichtflüssig und auf Filtrierpapier oder auf Sand leicht drainierbar. Das in dem Schlamm enthaltene Wasser ist mehr oder weniger klar und farblos, riecht nicht faulig, enthält unter anderem Ammoniak und reagiert alkalisch wie alle normalen gereinigten oder ungereinigten Abwässer.

Das über diesem guten Bodenschlamm befindliche Wasser des Schlammzersetzungsraums, in dem der nicht aussedimentierende Schlamm durch Gase umhergewirbelt wird, ist dagegen mehr oder weniger faulig, enthält aber ebenfalls viel Ammoniak, dafür aber verhältnismässig wenig Schwefelwasserstoff.

In Einarbeitung befindliche Schlammzersetzungsräume liefern einen Schlamm, der grau bis grauschwarz gefärbt ist. Die Reaktion dieses Schlammes ist eine alkalische, ebenso wie diejenige des Schlammwassers, das sich im übrigen durch Filtrierpapier um so leichter abfiltrieren lässt, je mehr der Schlamm und das Wasser im Laufe der Einarbeitung sich gebessert haben.

Schlammzersetzungsanlagen sind eingearbeitet, wenn sie leicht drainierbaren Schlamm liefern, der nicht mehr stinkt; schwarz[1]) braucht der Schlamm nicht zu sein. Ueberarbeitete oder noch nicht eingearbeitete Anlagen liefern einen schlecht drainierbaren und übelriechenden Schlamm.

Saurer Schlamm ist endlich gelblich, graugelb oder grau, riecht übel, ist schwer drainierbar und enthält entweder kein oder nur wenig Schwefeleisen. Das in einem derartigen Schlamm vorhandene Wasser enthält zwar gleichfalls unter anderem Ammoniak, das Wasser reagiert aber ebenso wie der Schlamm selbst infolge seines Gehaltes an organischen Säuren (z. B. an Fettsäuren) mehr oder weniger deutlich sauer, wobei also die durch Kohlensäure bedingte amphotere Reaktion des guten Schlammes von der durch organische Säuren hervorgerufenen Reaktion scharf zu trennen ist.

Ueber den Betrieb von Schlammzersetzungsanlagen, über die Unterschiede der verschiedenen, mit getrennter Schlammfaulung arbeitenden Arten von Frischwasserkläranlagen vergleiche die vorerwähnte Arbeit von Thumm und Reichle. Bezüglich der Abmessung der Schlammzersetzungsanlagen und Schlammtrockenplätze sei auf Imhoff[2]) verwiesen.

Die betriebstechnische Kontrolle normal arbeitender Schlammzersetzungsanlagen, bei denen das regelmässige Schlammablassen jeweils genau zu normieren ist, hat zu umfassen:

a) die Messung der Schlammhöhe im Schlammzersetzungsraum, eventuell vor und nach der Schlammherausnahme (s. S. 49);
b) die Schwimmdeckenbildung ist zu beobachten; entstehende Schwimmdecken sind tunlichst rasch zu zertrümmern;
c) im Uebermass auftretendem Schwimmschlamm, dem Eindringen von Schlamm aus dem Schlammzersetzungsraum in den Absitzraum (bei den kombinierten Anlagen) ist durch sofortiges Schlammablassen zu begegnen (s. auch S. 40);
d) die Reaktion des Schlammes und des Wassers des Schlammzersetzungsraums ist zu prüfen;
e) auf das Auftreten unangenehmer Gerüche, auf die Stärke und Art der Gasentwicklung im Schlammzersetzungsraum, auf

1) Vgl. Fussnote 2 auf Seite 76.

2) Taschenbuch für Kanalisationsingenieure. 2. Aufl. München und Berlin. R. Oldenbourg.

die Farbe des Schlammes und des Schlammwassers ist zu achten;

f) bei der Schlammherausnahme ist die Menge, der Geruch, die Farbe, die Drainierfähigkeit des herausgelassenen Schlammes zu notieren, ebenso

g) das Verhalten des Schlammes selbst auf den Schlammtrockenplätzen und das Aussehen des Drainagewassers;

h) Notierung der Art der Bewirtschaftung der Schlammtrockenplätze und des endlichen Schicksals des drainierten Schlammes;

i) Beobachtung der Witterungsverhältnisse (Niederschläge, Temperaturen usw.), Prüfung auf eventuelle Fliegenplage.

Da für die richtige Durchführung der mit getrennter Schlammfaulung arbeitenden Verfahren die Beschaffenheit der im Einzelfalle zu behandelnden Abwässer ausschlaggebend ist, hat die wissenschaftliche Tätigkeit des Sachverständigen bereits vor der definitiven Beschlussfassung über die Anwendung des Verfahrens einzusetzen. Vermag der Schlamm Gase zu bilden oder nicht? Wie stehen die Verhältnisse hinsichtlich der zu erwartenden Stickstoff- und Kohlehydratmengen? Vermag das Wasser die im Schlamm entstehenden Säuremengen zu binden, oder neigt vielleicht gerade das Wasser selbst zur Säurebildung? Enthält das auf der Anlage zu erwartende Abwasser Abflüsse aus sog. Hauskläranlagen oder aus Gruben mit Ueberläufen? Ist frisches, schales oder fauliges, ist kohlehydrathaltiges oder säurebindende Stoffe enthaltendes gewerbliches Abwasser zu erwarten? Das sind die unter allen Umständen vorher zu prüfenden Grundfragen. Danach ist dann das besondere Verfahren der Schlammbehandlung auszuwählen.

Die Einarbeitung der Schlammzersetzungsanlage hat unter wissenschaftlicher Kontrolle zu erfolgen; sie ist vom Fachmann auszuführen. Allgemeine Vorschriften zu geben, dürfte sich deshalb hier erübrigen.

In Betrieb befindliche Schlammzersetzungsanlagen sind wissenschaftlich wie folgt zu kontrollieren:

a) die Zusammensetzung und die Eigenschaften des Schlammes und des Wassers im Schlammzersetzungsraum sind nach den auf S. 18 gegebenen Beispielen[1]) zu ermitteln; ferner

1) Bei der Fettbestimmung empfiehlt es sich, sowohl das Neutralfett wie die freien Fettsäuren und die Seifen zu bestimmen.

b) die Drainierfähigkeit des Schlammes auf Filtrierpapier (siehe S. 19) und die Eigenschaften des erhaltenen Filtrats (Zusammensetzung, Veränderungen beim Stehen usw.);

c) die Zusammensetzung der entweichenden Gase aus dem Schlammzersetzungsraum;

d) Prüfung der Reaktion des Wassers und des Schlammes (auf Kohlensäure, organische Säuren, niedere und höhere Fettsäuren, saure Salze, Mineralsäuren). Bei einer durch Säuren hervorgerufenen sauren Reaktion Ermittelung dieser Säuren und der Kohlehydrate bzw. des organischen Kohlenstoffs im Wasser und im Schlamm; u. a. ist festzustellen, ob die Säuerung vom Schlamm oder vom Wasser ausgeht, was für die weitere Art des Vorgehens zu wissen unerlässlich ist. Eventuell Anstellung von Gärproben in Gärröhrchen und Feststellung der Menge und Beschaffenheit der gebildeten Gase, wobei die chemischen Ermittelungen[1]) gegebenenfalls mit bakteriologischen Untersuchungen zu kombinieren wären.

e) Zusammensetzung des Schlammes auf den Schlammtrockenplätzen und Ermittelung der Beschaffenheit der Drainagewässer.

Bei Schlammzersetzungsanlagen, die in der Praxis ja stets mit Absitzanlagen kombiniert werden, sind natürlich auch diese im Rahmen des früher gegebenen Umfangs (S. 40) zu kontrollieren.

9. Die wissenschaftliche Kontrolle der Vorflut.

Die Errichtung von Kläranlagen bezweckt — ganz allgemein gesprochen — die Abwässer derartig weitgehend zu behandeln, dass dabei das Auftreten von Missständen in der Vorflut vermieden wird. Aus den Abwässern soll und kann natürlich kein Trinkwasser gemacht werden; die betreffenden Abwässer sollen vielmehr, den Forderungen des Einzelfalles entsprechend, eine derartige Beschaffenheit aufweisen,

---

1) Classen, A., Ausgewählte Methoden der analytischen Chemie. Braunschweig. — Hempel, W., Gasanalytische Methoden. Braunschweig, Vieweg u. Sohn. — Hoppe-Seyler und Thierfelder, Handb. d. physiol. u. pathol.-chem. Analyse. Berlin, Aug. Hirschwald. — König, J., Untersuchungen landwirtschaftlich und gewerblich wichtiger Stoffe. Berlin, Parey. — Lehmann und Neumann, Bakteriologische Diagnostik. München, J. F. Lehmann. — Schmidt, E., Ausführliches Lehrbuch der pharmazeutischen Chemie. Braunschweig, Vieweg u. Sohn. — Treadwell, F. P., Kurzes Lehrbuch der analytischen Chemie. Leipzig und Wien.

dass bei ihrer Zuführung zu dem betreffenden Vorfluter die zu schützenden Interessen, die teils auf ästhetischem, teils auf hygienischem, teils auf gewerblichem Gebiete liegen, teils landwirtschaftlicher und fischereilicher Natur[1]) und in jedem einzelnen Fall naturgemäss verschieden grosse sein können, nicht verletzt werden.

Ueber die Vornahme der Kontrolle der Vorflut sei im besonderen folgendes ausgeführt:

Die einem Vorfluter zugeführten Abwässer können durch ihren Gehalt an ungelösten Stoffen organischer und anorganischer Natur denselben verschlammen; infolge ihres Gehaltes an fäulnisfähigen Stoffen können die Abwässer zu Reduktionserscheinungen und zu deren Folgeerscheinungen — Absterben der Flora und Fauna — die Veranlassung sein; durch ihre als Nährstoffe wirkenden Abwasserbestandteile können sie endlich auf den Vorfluter düngend wirken, also eine kräftige Vermehrung der Organismen, die bald mehr bald weniger einseitig sein kann, zur Folge haben. Die Verhältnisse der Abwassermenge und Abwasserbeschaffeuheit, die Wasserführung und die Beschaffenheit der Vorflut, ferner der Umstand, ob das Vorflutwasser stillsteht oder mehr oder weniger rasch dahinströmt, sind dabei für die Grösse der Beeinflussungen, für das Auftreten des einen oder anderen Zustandes, bei dem natürlich alle Uebergänge vorhanden sein können, im einzelnen Fall ausschlaggebend. Nach dem Krankheitsbilde, den ein mit Abwasser versetzter Vorfluter zeigen kann, also nach der Abwasserwirkung beurteilt, unterscheidet der Biologe[2]) drei durch die vorhandenen Organismen charakterisierte Zonen oder Phasen, die mit den soeben erwähnten Ursachen der Vorflutbeeinflussung, an sich betrachtet, naturgemäss nicht identisch zu sein brauchen.

Nachstehende 4 Fälle, von denen je 2 Varianten kurz besprochen werden sollen, mögen als Beispiele der Vorflutbeeinflussung hier aufgeführt werden.

(I) Die Zuführung von Schlammstoffe enthaltenden Abwässern zu einer Vorflut bewirkt in stillstehenden oder langsam dahinfliessenden Gewässern Schlammbankbildungen. Durch Hochkommen

---

1) Vgl. Abel l. c. (Fussnote 1 auf S. 2).

2) Kolkwitz, R. u. M. Marsson, Oekologie der pflanzlichen Saprobien. Ber. d. deutschen bot. Ges. 1908. Bd. 26a. S. 505—519; ferner Oekologie der tierischen Saprobien. Intern. Rev. d. ges. Hydrobiol. u. Hydrographie. 1909. Bd. 2. S. 126 bis 152. — Wilhelmi, J., Die mikroskopische Fauna des Golfes von Neapel. Mitt. a. d. Kgl. Prüfungsanstalt f. Wasserv. 1912. H. 16.

von Schlammfladen, teils direkt, teils indirekt durch Beeinflussung des darüberstehenden Wassers, können dabei Missstände entstehen; der abgelagerte Schlamm bleibt dabei schlecht, da er mit dem darüberstehenden Wasser nicht richtig zusammenkommt. Aufschlüsse über diese Vorgänge geben die chemischen Ermittelungen, durch die die Zusammensetzung der Ablagerungen und der aufsteigenden Gase und Schlammfaden zu ermitteln ist. Dabei muss besonders auf Fäulnisfähigkeit, auf das Vorhandensein von Schwefelseisen, auf Gips usw. geprüft werden. Die gleichzeitig vorzunehmenden mikroskopischen Untersuchungen zeigen, ob hier organische bzw. organisierte Stoffe, wie z. B. Muskelfasern, Zellstoffasern, Stärkekörner, Waschblau, Fettklümpchen, Detritus u. dgl. zur Ablagerung gelangt sind. Auf dem Schlamm können sich auch feine spinnwebartige Ueberzüge von Beggiatoa ansiedeln, die eine Schwefelwasserstoffproduktion andeuten. Das darüberstehende Wasser, das in üblicher Weise, insbesondere auch auf Sauerstoff und Sauerstoffzehrung zu untersuchen ist, braucht dabei natürlich nicht schlecht zu sein.

In rasch strömenden Vorflutern, deren Wassergeschwindigkeit über 30 cm in der Sekunde beträgt, werden die ungelösten, insbesondere die leichteren Abwasserbestandteile, auf weite Strecken dahingeführt, ohne dass die eben erwähnte Schlammbankbildung zu befürchten steht. Sie können dabei — in gleicher Weise wie die später zu besprechenden Organismen — in Flussregionen eingeschwemmt werden, deren Wasser chemisch vollkommen in Ordnung sein kann. Die ungelösten Stoffe wandeln sich auf ihrem Transporte langsam um, nehmen aber in ihrer Menge eigentlich nur dann ab, wenn sie entweder in schwebestoffarme Vorfluter gelangen, oder wenn derartige Vorfluter ihnen zufliessen, wenn sie also mit reinem Wasser verdünnt werden. Ungelöste Stoffe können sich also nur umwandeln, sie können nicht verschwinden, wie uns dies z. B. von den biologischen Körpern ja genug bekannt ist.

Die Ermittelung der ungelösten Stoffe bietet im übrigen keine analytischen Besonderheiten; sie erfolgt nach den bereits gegebenen allgemeinen Gesichtspunkten.

(II) Wird Abwasser mit grossen Mengen fäulnisfähiger Stoffe einem wasserarmen Vorfluter, etwa im Verhältnis von 1 : 2 bis 1 : 5, zugeführt, so wird der Reinwasserfluss zu einem Abwasserfluss, gleichgültig ob das Vorflutwasser stagniert, oder ob es rasch dahinfliesst. Die vorhandene Flora und Fauna wird dabei vernichtet oder tiefgreifend geschädigt; in dem Wasser finden sich höchstens nur noch Sauerstoffkonsumenten[1]), also z. B. keine grünen niederen Organismen, und dasselbe ist deshalb, praktisch gesprochen, sauerstofffrei.

Stagnierende Vorfluter oder Vorfluter mit mässiger Wasserbewegung werden dabei zu typischen Faulräumen, wie sie auf S. 45 geschildert worden sind. Je mehr Schlamm in dem Vorfluter sich ablagert, desto wirksamer arbeitet sich derselbe als „Faulraum" ein und um so weitergehend flussabwärts erstreckt sich seine schädigende Wirkung. Die Eigenschaften eines derartigen Flusswassers sind diejenigen für faulige Abwässer (vgl. Tabelle VII), und für seine Untersuchungen gelten die bereits erwähnten besonderen Gesichtspunkte. Das Flusswasser enthält der Hauptsache nach Millionen Bakterienkeime (z.B. auch Bakterienzoogloeen), und Beggiatoa alba findet sich als Folge des vorhandenen freien Schwefelwasserstoffs.

In rasch dahinströmenden, grosse Mengen fäulnisfähiger Stoffe enthaltenden Vorflutern bestimmt im allgemeinen der Umstand, ob Schlamm sich ablagern, das Wasser also nachteilig beeinflussen kann oder nicht, den Grad der jeweiligen Zersetzung. In Vorflutern, die als offene Abwasserkanäle ausgebaut sind und die richtig betrieben werden, so wie dies z. B. im Emschergebiet geschieht, behält das fäulnisfähige Abwasser seinen Charakter im grossen und ganzen bei (s. S. 38); frisches Abwasser bleibt also z. B. frisch, und die bei einer Stagnation derartiger Abwässer sich zeigenden Missstände können in praktisch ausreichendem Masse vermieden werden. Die Untersuchung der Vorflut ist hier eine Abwasseruntersuchung, und der Vorfluter kann die Eigenschaften eines frischen, schalen und fauligen Abwassers aufweisen (vgl. S. 29 und 48).

(III) Zuführung fäulnisfähiger Abwässer zu wasserreichen Vorflutern etwa im Verhältnis von 1 : 10 bis 1 : 30 äussert sich in stagnierenden oder langsam bewegten Wässern durch das Auftreten grüner Organismen, also von Sauerstoffproduzenten[1]); stark strömenden Vorflutern zugeführt, entwickeln sich dagegen Sauerstoffkonsumenten und zwar farblose Abwasserpilze, wie Sphaerotilus, Leptomitus oder Fusarium, in Verbindung mit anderen, diesen Zustand charakterisierenden

1) Alle Organismen, und zwar sowohl die grün- bzw. braungrün gefärbten wie die farblosen, atmen, verbrauchen also Sauerstoff und produzieren Kohlensäure; die grünen bzw. braungrünen Organismen assimilieren ausserdem aber noch, d. h. sie verarbeiten Kohlensäure und scheiden dafür Sauerstoff aus. Die farblosen Organismen sind also Sauerstoffkonsumenten, die grünen Organismen sind Sauerstoffkonsumenten und Sauerstoffproduzenten.

Abwasserorganismen[1]). Diese Organismen können teils an dem Orte ihrer Entstehung durch ihr massenhaftes Auftreten, teils dadurch, dass sie abreissen und durch das strömende Wasser weithin mitgeführt werden, missständlich wirken.

In stagnierenden Vorflutgewässern werden die eingeleiteten organischen Stoffe verarbeitet; sie geben zur Entstehung eines reichen tierischen und pflanzlichen Organismenlebens, das sich als grünes Plankton dem Auge darbietet, die Veranlassung. Häufig finden sich auch höhere Pflanzen, wie z. B. Lemna, und es wird nicht nur Sauerstoff konsumiert, sondern auch so viel Sauerstoff produziert, dass dabei in günstigen Fällen dessen Sättigungswert nicht nur erreicht, sondern sogar nicht selten noch überschritten wird. Die Vorflutuntersuchungen erfolgen hier nach den Gesichtspunkten, die für die Kontrolle von Fischteichanlagen auf S. 53 gegeben worden sind.

In strömendem Wasser bewirken die dem Vorfluter durch das Abwasser zugeführten Nährstoffe zunächst keine Vermehrung des Planktons; der Uferbesatz oder die Schlammbewohner entwickeln sich dafür in reichstem Masse. Erst später, wenn die Abwasserpilze abreissen, findet sich in dem Wasser passiv treibendes, sekundär entstandenes Plankton. Die entstehenden Abwasserorganismen verbrauchen Sauerstoff; in grösserer Menge vorhandene Sauerstoffproduzenten fehlen, und wir beobachten — teils hierdurch, teils durch den Sauerstoffverbrauch des Abwassers selbst — in derartigen Flussläufen ein bald grösseres, bald kleineres Sauerstoffdefizit. Die angestellte Sauerstoffzehrung, die recht bedeutend sein kann, zeigt dann weiter, dass nicht abgebaute fäulnisfähige Stoffe in einem derartigen Vorflutgewässer vorhanden sind. Durch Vornahme einer chemischen Untersuchung ist die Konzentration des betreffenden Vorflutwassers zu ermitteln. Die ermittelten absoluten Sauerstoffwerte zeigen uns die primär oder sekundär bewirkte schädliche Beeinflussung; die Sauerstoffzehrung gibt uns über die Schädlichkeit des Wassers selbst, also über seinen Charakter, Aufschluss und zeigt, ob viel oder wenig fäulnisfähige Stoffe in dem Vorflutwasser noch vorhanden sind.

(IV) Zuführung geringer Mengen fäulnisfähigen Abwassers zu wasserreichen Vorflutern im Verhältnis von 1 : 100 und darüber oder von fäulnisunfähigen Abwässern zu wasserarmen oder wasserreichen Vorflutern hat endlich, so sehr auch die Unterschiede im ein-

1) z. B. die niederen Tiere: Antophysa vegetans und Carchesium Lachmanni.

zelnen auseinander gehen mögen, ganz allgemein gesprochen, eine mehr oder weniger weitgehende, die Entwickelung der grünen Organismen, also der Sauerstoffproduzenten, begünstigende düngende Wirkung zur Folge; diese ist bei rasch strömenden Gewässern eine geringere als bei langsam fliessenden Vorflutern. Die Abwasserbestandteile, die über die Konzentration des Vorflutgewässers Aufschluss geben, sind naturgemäss, dem Verdünnungsverhältnis entsprechend, noch vorhanden; der Sauerstoffgehalt der Vorflut liegt hier aber an seiner Sättigungsgrenze, und Reduktionserscheinungen fehlen im allgemeinen einem derartigen, bald mehr bald weniger weitgehend mineralisierten Vorflutwasser. Aufgabe einer richtig wirkenden, dem Einzelfall angepassten Kläranlage ist es daher, das Wasser im allgemeinen derartig zu behandeln, dass in einem Vorfluter entweder schon an der Eintrittsstelle des Abwassers oder eine kurze Strecke unterhalb derselben Verhältnisse entstehen, wie sie in den beiden letzterwähnten Varianten des Falles IV hier kurz skizziert worden sind.

Bezüglich der Ausführung der chemischen Analyse bleibt im einzelnen Besonderes zu sagen nicht mehr viel übrig. In vielen Fällen liegt der Schwerpunkt in der Ermittelung des Sauerstoffdefizits und der Sauerstoffzehrung. Unter „Sauerstoffdefizit" versteht man die Menge von Sauerstoff, ausgedrückt in mg oder ccm — bei 0° und 760 mm Druck — für 1 Liter Wasser, die demselben für die jeweils vorhandene Wassertemperatur bis zur Sättigung mit dem Sauerstoff der atmosphärischen Luft fehlt. Unter „Sauerstoffzehrung" wird die Differenz verstanden zwischen diesem ursprünglichen Sauerstoffgehalt und dem Sauerstoffgehalt, der in einer zweiten Probe nach 48 stündiger Bebrütung bei 20—22° unter Lichtabschluss ermittelt worden ist. Was bei Abwässern die Fäulnisprobe (s. S. 11), das ist bei dem Wasser der Vorflut die Sauerstoffzehrmethode. Die Sauerstoffzehrung selbst ist dabei die (im Laboratorium) künstlich herbeigeführte Zehrung; die in einem Vorfluter natürlich sich abspielende Zehrung ergibt die Ermittelung des „Sauerstoffdefizits".

Bezüglich der biologischen Vorflutuntersuchung sei auf die einschlägigen Werke[1]) verwiesen. Das kunstvoll ausgebaute, auf

1) Kolkwitz, R., Biologie des Trinkwassers, Abwassers und der Vorfluter. Handbuch der Hygiene. II. 2. Verlag Hirzel-Leipzig. — Kolkwitz, R., Physiologie. Verlag Fischer. — Mez, C., Mikroskopische Wasseranalyse. Berlin 1898. J. Springer. — Wilhelmi, J., Die biologische Selbstreinigung der Flüsse. Weyls Handbuch der Hygiene. 2. Aufl. Leipzig 1914. A. Barth.

ökologischen Grundsätzen beruhende biologische System ist wissenschaftlich hochinteressant. Viel auf praktischer Erfahrung beruhende Arbeit ist hier bereits geleistet worden; vieles bleibt natürlich im einzelnen zu tun noch übrig. Für praktische Zwecke, wie sie hier in Frage kommen, genügt im allgemeinen aber die Kenntnis verhältnismässig weniger Leitorganismen[1]). Bezüglich des Ausbaues des Systems in fischereilicher Beziehung sei auf die Arbeiten von Hofer[2]) und von Schiemenz[3]) hingewiesen.

---

1) Vergl. z. B. Mez, C., in Hager-Mez, Das Mikroskop und seine Anwendung. 11. Aufl. 1912. Berlin. J. Springer. S. 238—244. Mez unterscheidet 4 Stufen der Wasserverunreinigung. Diese Stufen sind:

1. Wasserverpestung — Stadium der stinkenden Fäulnis; charakterisiert durch: Mengen von Beggiatoa sowie durch Bakterienzoogloeen;
2. Starke Wasserverschmutzung. — Das Wasser ist zwar an Ort und Stelle nicht faul, es geht aber bei der Aufbewahrung in Gläsern rasch in Fäulnis über; charakterisiert durch: Sphaerotilus natans, Oscillatoria Froelichii;
3. Geringere Wasserverschmutzung. — Das Wasser ist beim Stehen nicht oder kaum fäulnisfähig. Leitorganismen: Leptomitus lacteus, Fusarium aquaeductuum, Carchesium Lachmanni.
4. Leichte Wasserverunreinigung. — Das Wasser nähert sich physikalisch und chemisch dem normalen Zustand. Leitorganismen: Cladothrix dichotoma, Auftreten von Melosira varians.

Die Stufen 1 und 2 liegen oberhalb, die Stufen 3 und 4 unterhalb der „das Gemeinübliche übersteigenden“ Wasserverunreinigung; als charakteristisch hat nur das massenhafte Auftreten der Organismen zu gelten.

2) Hofer stellt folgende Liste für reines und verunreinigtes Wasser auf (vgl. Thumm, Städtereinigung. Intern. Hyg.-Ausst. Dresden 1911. S. 107).

A. Tiere aus reinem Wasser (gegen Abwasser also sehr empfindlich): Simulium ornatum (Kriebelmücke), Gammarus pulex (Flohkrebs), Perla bicaudata (Afterfrühlingsfliege), Ancylus fluviatilis (Flussnapfschnecke), verschiedene Phryganiden (Köcherfliegenlarven).

B. Tiere aus schwach verunreinigtem Wasser (gegen Abwasser weniger empfindlich): Asellus aquaticus (Wasserassel), Carinogammarus spec. (Flohkrebs), Paludina vivipara (Sumpfschnecke), Limnaea auricularia (Ohrschlammschnecke), Cloë diptera (zweiflügelige Eintagsfliege), Culex pipiens (Stechmücke), Ephemera vulgata (gemeine Eintagsfliege).

C. Tiere aus stark verunreinigtem Wasser (gegen Abwasser nicht empfindlich): Tubifex rivulorum (Schlammborstenwurm), Chironomus plumosus (Zuckmücke), Stratiomys chamaeleon (Chamaeleonfliege), Eristalis tenax (Schlammfliege), Nephelis vulgaris (Kieferegel), Clepsine spec. (Rüsselegel).

D. Für fäulnisfähige Abwässer charakterisch: Sphaerotilus natans, Leptomitus lacteus, Fusarium aquaeductuum, Mucor mucedo, Beggiatoa alba.

3) Nach Schiemenz (vgl. Thumm, Städtereinigung. l. c. S. 103) geben folgende Tiere und Pflanzen über die Wirkung organischer Abwässer in Vorflutern

Die mikroskopisch-biologische Methode ermöglicht es in dem Nachweis der festsitzenden Organismen und der Schlammbewohner (z. B. von Tubifex oder von Chironomus) festzustellen, was für ein Wasser in der Zeit während der Bildung bzw. Entwickelung der Organismen im grossen Durchschnitt in einem Vorfluter an einer bestimmten Stelle hindurchgeflossen ist. Zwischen biologischer und chemischer Ermittelung braucht, an sich betrachtet, eine Uebereinstimmung also nicht immer zu bestehen; meistens decken sich aber die bei beiden Methoden ermittelten Befunde. Die richtig angewandte chemische Analyse, die die schädigenden Stoffe selbst zu ermitteln sucht, kann uns also meistens einen ebenso klaren Aufschluss über den Zustand eines Vorflutgewässers geben, wie die biologische Methode, die den Ausdruck dieser Schädigung uns darbietet. Bei richtig durchgeführten Vorflutuntersuchungen sollten verständigerweise beide Methoden praktische Verwendung finden. Noch besser ist es, wenn damit auch noch bakteriologische Untersuchungen, die Ermittelung des Keimgehaltes, Feststellung des Coli- und Thermophilentiters[1]) verbunden werden.

Eine vollständige Vorflutuntersuchung hätte also zu umfassen:

a) die Ermittlung der Wasserbeschaffenheit an der Hand der auf S. 17 gegebenen Beispiele;

b) die Anstellung der Methylenblauprobe;

c) die Ermittlung des Sauerstoffgehaltes (des Sauerstoffdefizits) und der Sauerstoffzehrung in der unfiltrierten, beim Vorhandensein von Plankton auch in der durch Watte filtrierten Probe;

d) die Ermittlung des Planktongehaltes sowohl qualitativ wie quantitativ;

---

und zwar „ohne kompliziertes chemisches und mikroskopisches Studium" ein abgerundetes Bild.

I. Gegen Abwasser empfindliche Fische: Barsch, Zander, Plötze.

II. Gegen Abwasser weniger empfindliche Fische: Hecht, Karpfen.

III. Gegen Abwasser widerstandsfähigere Fische: Uecklei, Goldfisch, Schlei.

IV. Gegen Abwasser empfindliche niedere Tiere: Köcherfliegenlarven, Ohrschnecke, Flohkrebs (Gammarus pulex).

V. Gegen Abwasser weniger empfindliche niedere Tiere: Wasserassel, Posthornschnecke, Eintagsfliegenlarven.

VI. Gegen Abwasser unempfindliche bzw. widerstandsfähige niedere Tiere und und Pflanzen: Florfliegenlarven, Zuckmückenlarven, Dytiscuslarven und andere Käferlarven, Wasserkäfer, Schlammborstenwurm, ferner Bakterienzoogloeen, Sphaerotilus, Leptomitus, Beggiatoa, Carchesium, Vorticella.

1) Ohlmüller, W. und O. Spitta, Fussnote 1 auf S. 4.

e) die mikroskopisch-biologische Untersuchung des Uferbesatzes;
f) die mikroskopisch-biologische und chemische Untersuchung der Grundprobe;
g) die Feststellung des Keimgehaltes und die Ermittelung des Coli- und des Thermophilentiters.

V. Schlussbemerkungen: Grenzzahlen, gewerbliche Abwässer. Ausblicke.

Ich komme jetzt an das Ende meiner Ausführungen, die teils einen Ueberblick über das reich verzweigte Gebiet der Abwasserreinigung, teils im besonderen Zahlenmaterial an die Hand geben sollten, mit dem man praktisch arbeiten kann. Die für die Zusammensetzung und den Reinheitsgrad von Abwässern und von Vorflutern mehrfach erwähnten Grenzzahlen sind als Richtlinien anzusehen, die zeigen sollen, wie im grossen Durchschnitt die Verhältnisse hier betrachtet werden müssen; die gegebenen Werte sollen Vergleichswerte darstellen für den einzelnen Fall der Praxis. Dass eine schematische Anwendung dieser Zahlen natürlich nicht geübt werden darf, braucht näher wohl nicht begründet zu werden. Was frisches oder fauliges Wasser, was konzentriertes oder dünnes, gut oder schlecht gereinigtes Abwasser, was ein reiner oder verschmutzter Vorfluter ist, muss man aber wissen, sofern man einen richtigen Massstab für den einzelnen Fall haben will. Für ganze Flussgebiete oder für die verschiedenen Reinigungsverfahren absolute Geltung habende Grenzwerte gibt es nicht, darf es nicht geben, wenn man in der Abwasserfrage vorwärts kommen, diese also praktisch lösen will. Grenzwerte für die einzelne Kläranlage aber zu finden, muss unser Bestreben sein; einen derartigen Grenzwert braucht man, wenn bei der Kontrolle von Kläranlagen praktische Arbeit im einzelnen Fall geleistet werden soll.

Weiter ist noch folgendes auszuführen. Das bisher Gegebene betraf im wesentlichen die bei häuslichen und bei normalen städtischen Abwässern bestehenden besonderen Abwasserverhältnisse, da diese in gewissem Sinne den Grundstock unserer Abwasserwissenschaft darstellen. Auf bestimmte, durch das Vorhandensein gewerblicher Abwässer bedingte Besonderheiten, die im übrigen sowohl die Untersuchungsmethoden (vergl. Tabelle XIII) selbst, ihren Umfang und den Ausfall der Befunde, wie auch die Art der vorzunehmenden Betriebskontrolle und die Einwirkung der Abwässer auf den Vorfluter bekanntermassen weitgehend zu beeinflussen vermögen, wurde nur vereinzelt hingewiesen.

Tabelle XIII. **Anwendung der für Abwasser üblichen Untersuchungsmethoden auf einige unter Umständen in Abwässern vorkommende Stoffe**[1].

Lösungen in destilliertem Wasser 1 = 1000	In 1 Liter des unfiltrierten Wassers sind enthalten mg										Bemerkungen
	Abdampfrückstand		Chlor (Cl)	Gesamt-	Nitrat-	Nitrit-	Ammoniak-	organischer	Albuminoid-	werden verbraucht mg Kaliumpermanganat ($KMnO_4$)	
	Gesamt	Glühverlust		Stickstoff							
Harnstoff	942	898	6	459	schwache Reaktion	nicht nachweisbar	14	336	109	12	
Harnsäure	—	—	—	344	do.	schwache Reaktion	34	224	86	695	Harnsäure mittels NaOH gelöst
Hippursäure	1040	1032	6	86	do.	nicht nachweisbar	2	3	81	94	
Gelatine	558	528	24	149	do.	do.	6	41	102	727	
Fleisch (Extrakt)	448	258	56	87	do.	do.	6	38	43	565	Marke Liebig
Pepton	740	718	17	155	do.	do.	10	67	78	1548	Marke Witte
Asparagin[2]	896	895	Spur	191	do.	do.	7	184	146	77	
Traubenzucker	1016	1014	4	5	do.	do.	2	1	2	1564	

Zwecks Darbietung eines abgeschlossenen Bildes sei über die Behandlung und Beseitigung der gewerblichen Abwässer zum Schlusse noch folgendes mitgeteilt:

Bei der Beseitigung der gewerblichen Abwässer ist sowohl ihre Zuführung zu städtischen Kanälen, wie die gesonderte Behandlung in eigenen Kläranlagen und ihre nachherige direkte Ableitung zu einem Vorfluter ins Auge zu fassen. Die erste Beseitigungsart, also die Zusammenfassung aller erreichbaren Abwasserarten, stellt in vielen Fällen der Praxis, insbesondere wenn das Mischwasser nur mechanisch gereinigt zu werden braucht, das erstrebenswerteste Ziel dar, da die Behandlung der häuslichen Abwässer damit zwar etwas erschwert, diejenige der gewerblichen Abwässer aber meistens beträchtlich erleichtert wird, und die gemeinsame Behandlung der Abwässer in zentraler städtischer Anlage nicht zu unterschätzende Betriebssicherheiten gewährleistet. Zur Vermeidung von Misserfolgen muss dabei sowohl auf die Erhaltung der Kanäle, wie auf die spätere Behandlung

1) Analytiker: G. Eckerlin (Chem. Abt. der Kgl. Landesanst. f. Wasserhygiene).

2) Analytiker: W. Rothe (Chem. Abt. der Kgl. Landesanst. f. Wasserhygiene).

des Mischwassers in der zentralen Kläranlage Rücksicht genommen werden. Die Wässer sollen z. B. nicht zu warm — nicht über 35° C — und nicht zu sauer sein, damit die Kanäle keinen Schaden leiden; sie sollen nicht zu viele Fett- und Faserstoffe enthalten, da diese festhaftende Beschläge an den Kanalwänden zu bilden vermögen. Die gewerblichen Abwässer sollen endlich teils durch geregelte Ableitung der ersteren, teils durch entsprechende Erweiterung der Vorreinigung der Kläranlage, mit den häuslichen Abwässern gut vermischt werden, da dann Störungen in der zentralen Kläranlage nicht erwartet zu werden brauchen. Dem Sachverständigen erwächst also schon vor Fertigstellung der Anlagen ein weites Feld der Betätigung, das später — nach Fertigstellung der Anlage — womöglich noch grösser wird, und alsdann mit der Kontrolle der zentralen Kläranlage entsprechend zu verbinden ist.

Fabrikkläranlagen, die ihre Abwässer einem Vorfluter direkt überantworten, sind nach den bereits erwähnten Gesichtspunkten, unter besonderer Berücksichtigung des Einzelfalles zu kontrollieren. Da die Verhältnisse hierbei zu verschiedene sind, lassen sich allgemeine Gesichtspunkte in Kürze nicht gut geben. Auf die einschlägige Literatur[1]) sei deshalb verwiesen, dabei sei aber besonders betont, dass für eine sachgemässe Kontrolle eine genaue Kenntnis des Fabrikbetriebes, soweit seine Abwasserproduktion in Frage kommt, hier die Voraussetzung darstellt.

In analytischer Beziehung sei hervorgehoben, dass durch Vorhandensein von Nitraten, von Aetzkalk, von Chromaten, von viel Kohlehydraten, von Eisensalzen usw. die Fäulnisfähigkeit eines Wassers in weitgehendster Weise beeinflusst werden kann. Bei Anstellung der Fäulnisprobe (s. S. 11), bei Anwendung der Methode der getrennten Schlammzersetzung (s. S. 76) bedarf daher das Vorkommen derartiger Stoffe, wie sie gewerbliche Abwässer in grossen Mengen bringen können, eingehender Berücksichtigung. Sterile Wässer, wie z. B. manche Wäschereiabwässer, Abdeckereiabwässer, muss man vor Anstellung der Fäulnisprobe mit Abwasser impfen, wenn

1) König, J., Neuere Erfahrungen über die Behandlung und Beseitigung der gewerblichen Abwässer. Deutsche Vierteljahrsschr. f. öffentl. Gesundheitspfl. 1911. Bd. 43. S. 111. — Pritzkow, A., Die gewerblichen Abwässer in Weyls Handbuch der Hygiene. 2. Aufl. Leipzig 1914, Ambrosius Barth. — Schiele, A., Abwasserbeseitigung von Gewerben und gewerbsreichen Städten. Mitt. d. Königl. Prüfungsanstalt f. Wasserversorg. Berlin 1909. H. 11.

diese richtige Werte liefern soll. Bei Anstellung der Fäulnisprobe ist endlich auch zu berücksichtigen, dass manche gewerblichen Abwässer dabei eine Eiweissfäulnis vortäuschen können. Durch Reduktion von gipshaltigen Wässern (Fussnote 2, S. 10), durch Vermischung von Schwefelnatrium enthaltendem Färberei- oder Gerbereiabwasser mit sauren Abwässern, wie sie zahlreiche gewerbliche Betriebe (Beizereien, chemische Fabriken, Bierbrauereien usw.) liefern, kann nämlich ein schwefelwasserstoffhaltiges und schwarzes Gesamtabwasser entstehen, ohne dass die organischen Stickstoff- oder Schwefelverbindungen eine Reduktion erfahren haben.

Der Wert der häuslichen und städtischen Kläranlagen, ihre vorteilhafteste Durchbildung und die Gesichtspunkte für ihren richtigen Betrieb sind nach den Erfahrungen der letzten Jahre für die Bedürfnisse der Praxis klargestellt; die Erkenntnis der Reinigungsmöglichkeit gewerblicher Abwässer ist dagegen aus äusseren Gründen leider nicht in demselben Masse gestiegen. Was man auf mechanischem Wege oder durch geschickte Vereinigung verschiedener Abwasserarten erreichen kann, ist bei ihnen zwar auch bekannt. Die der weitergehenden Reinigung gewerblicher Abwässer dienenden Verfahren befinden sich dagegen oft noch im Anfangsstadium. Für manche gewerblichen Abwasserarten sind brauchbare Reinigungsmethoden überhaupt noch nicht gefunden, und die Hauptgesichtspunkte müssen vor Errichtung grösserer Anlagen erst durch Vorversuche gewonnen werden. Schöne, im Interesse unserer Industrie zu bearbeitende, wissenschaftlich und technisch gleich wichtige Aufgaben harren hier also noch ihrer Lösung.

Vieles kann aber auch schon jetzt besser werden, sofern der Betrieb der bereits vorhandenen gewerblichen Anlagen ein etwas sachgemässerer wird, als dies bislang des öfteren beobachtet werden konnte. Die städtischen Kläranlagen zeigen uns ja, was z. B. durch eine richtig durchgeführte mechanische Abwasserbehandlung erreicht werden kann, zumal wenn damit eine gute Schlammbeseitigungsmethode verbunden ist. Die vom wissenschaftlich geschulten Fachmann zu leistende, mit dauernder sachgemässer Beratung verbundene, wissenschaftliche Kontrolle lässt aber auch hier, ohne dass das Reinigungsverfahren oft selbst geändert zu werden braucht, vielfach bessere Verhältnisse ohne weiteres schon erhoffen.

Für die in regelmässigen Zwischenräumen vorzunehmende Kontrolle der gewerblichen und städtischen Abwasserreinigungsanlagen voll und ganz einzutreten, erscheint bei dem augenblicklichen Stande der Abwasserfrage als die zurzeit wichtigste Aufgabe.

Sich um eine Kläranlage kümmern, ist das Geheimnis des guten Erfolges. Die wissenschaftliche Erkenntnis und die praktische Erfahrung liefern uns dabei die Mittel an die Hand, Kläranlagen richtig zu bauen, sachgemäss zu betreiben und erfolgversprechend zu kontrollieren. Die Kontrolle der Kläranlage zeigt uns, was diese zu leisten vermag; ob wir bei der Errichtung einer Anlage, also bei dem zur Durchführung gebrachten Sanierungswerk auf dem richtigen Wege waren, darauf gibt uns die Beschaffenheit der Vorflut, also die Vorflutkontrolle, unzweideutig die Antwort.